ジョウビタキ
ルリビタキ
オジロビタキ

Daurian Redstart

Red-flanked Bluetail

Taiga Flycatcher

ルリビタキ　5月　北海道
写真 ● 佐藤 圭
ニコン D5 ／ AF-S NIKKOR 600mm f/4E FL ED VR
f4　1/1000　ISO800

Contents

ジョウビタキ雌　3月　大阪府
写真 ◉ 山田芳文

ソニーα7R Ⅳ／FE 100-400mm F4.5-5.6 GM OSS
f8　1/125　ISO250

勘違い×2

人なれしている

身近な小さな青い鳥 ルリビタキ

Tarsiger cyanurus

オオルリ　コルリ　と合わせて「瑠璃三鳥」と呼ばれる

なおこれら「三鳥」はカッコウの仲間、ジュウイチの托卵相手

11 ジューイチ ← 鳴き声

瑠璃は宝石ラピスラズリの和名

尾は上下にリズミカルに振る

雌

雌も尾は青い

脇は橙色

雄

白い眉斑

完全に青くなるのに3年ほどかかる

ヒッ ヒッ

脇は山吹色

1年目の雄

小雨覆や肩羽が青色がかって見えることがある

1年目の雄と雌の見分けは難しい
※2年目になると部分的〜全体的に青くなる

冬でも陽気がいい日はさえずることがある

よくいわれる聞きなし

ルリビタキだよ〜♪

ちょっと無理があるのでは？

…と思ってる人が多いかもしれない

繁殖地は亜高山帯

富士山でもあちこちから鳴き声が盛んに聞こえ、登山者たちの癒やしになっている

若い雄と雌の違い

1年目の雄は雌とそっくり

此雌
雄

ん〜あれはどっちだろう？

あ

もう一羽来た

つがいかな？

…

交尾を見ればどっちが雄か雌かわかるぞ

どっちも雄だった

繁殖期、雄はなわばりをめぐって争う

人も鳥も山を登る

冬でも暖かい日にはさえずることがある

夏山でよく登山中に聞こえる声

この声は…！

どんな鳥かずっと気になってたけど

まさか下界で会えるなんて…

…やっぱり姿は見えないけど

越冬地ではやぶの中によくいる

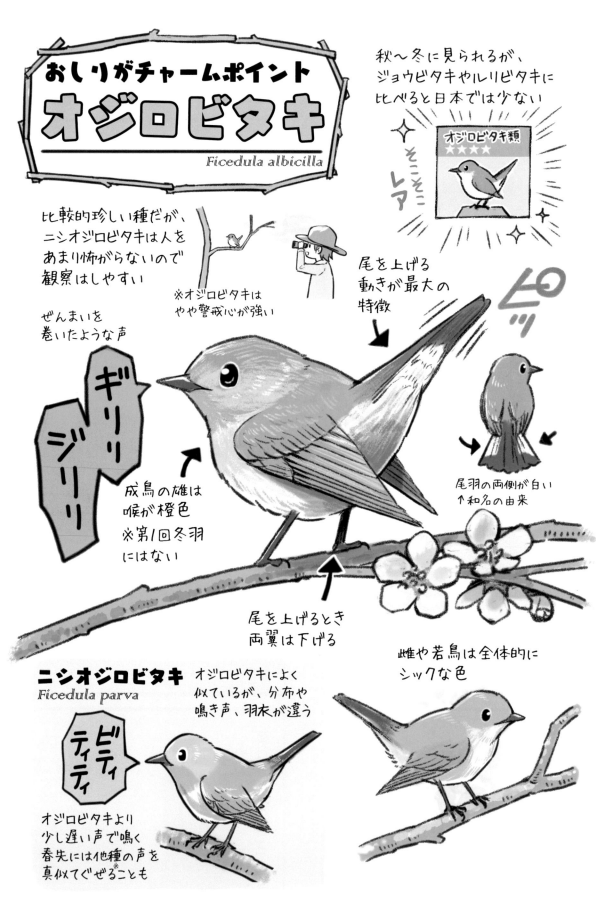

おしりがチャームポイント
オジロビタキ
Ficedula albicilla

秋〜冬に見られるが、ジョウビタキやルリビタキに比べると日本では少ない

オジロビタキ類
★★★★

そこそこレア

比較的珍しい種だが、ニシオジロビタキは人をあまり怖がらないので観察はしやすい

※オジロビタキはやや警戒心が強い

ぜんまいを巻いたような声

ギリリ
ジーリリ

尾を上げる動きが最大の特徴

ピッ

成鳥の雄は喉が橙色
※第1回冬羽にはない

尾羽の両側が白い
↑和名の由来

尾を上げるとき両翼は下げる

雌や若鳥は全体的にシックな色

ニシオジロビタキ
Ficedula parva

オジロビタキによく似ているが、分布や鳴き声、羽衣が違う

ビティ
ティ
ティ

オジロビタキより少し遅い声で鳴く
春先には他種の声を真似てぐぜることも

※ぐぜる：若鳥がさえずりを学習する過程で不完全なさえずりをすること

アイドルの撮影会並

普通種になるかも？

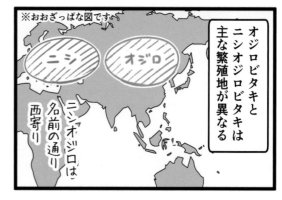

9

ジョウビタキ
ルリビタキ 図鑑
オジロビタキ

雄成鳥冬羽　10月 長崎県 (T)
頭は灰白色で, 顔と喉は黒い。背は黒く, 褐色の羽縁がある。翼は黒く, 目立つ白斑がある。胸以下の下面と, 腰から上尾筒, 外側尾羽は赤橙色。中央尾羽は黒褐色

ジョウビタキやルリビタキは, 毎年の出会いを楽しみにしているバーダーも少なくない人気者だ。また, かつては珍鳥だったオジロビタキ・ニシオジロビタキも, 注目度が高まるにつれて観察例も増えている。冬探鳥の主役たちを紹介しよう。

文 ◉ 高木慎介 (ジョウビタキ・ルリビタキ)・梅垣佑介 (オジロビタキ・ニシオジロビタキ)
写真 ◉ 梅垣佑介 (U), 先崎理之 (Sm) 高木慎介 (T), 原星一 (H)

Profile たかぎ・しんすけ
ジョウビタキの渡来に小さい秋を感じる。1985年愛知県生まれ・在住の週末バーダー。身近なフィールドにヒタキの好む実のなる木が少ないことが最近の悩み。

Profile うめがき・ゆうすけ
関西を拠点とする週末バーダー。ムシクイ類, カモメ類, 迷鳥や記録の少ない鳥が国内に飛来する背景や要因に興味をもって観察している。

雄第1回冬羽　10月 愛知県 (T)
雄冬羽には頭や背に褐色の羽縁があるが, 摩耗によって目立たなくなっていく

雄第1回夏羽　5月 北海道 (Sm)
渡去直前には頭部は美しい灰白色になり, 背も真っ黒になる

ジョウビタキ

Phoenicurus auroreus

Daurian Redstart

雌　2月 長野県 (Hs)
全体に灰褐色で下面はやや淡く, 翼の白斑は雄より小さい

【全長】14cm (スズメより小さい)
【分布】日本には基亜種 *auroreus* が主に冬鳥として渡来し, 積雪の少ない地域の庭, 公園, 草地, 農耕地, 林縁などの少し開けた環境で越冬する。本州中部では10月中旬ごろから渡来し, 3月末〜4月中旬に渡去する。近年, 北海道や本州の高地で繁殖記録や繁殖期の観察記録が増加しており, 分布を拡大していると考えられる。
【観察のポイント】
• ルリビタキとは異なり, 幼羽から羽色に性差がある。
• 見晴らしのよい杭や枝などに止まり, 尾を細かく振る動作をよく行う。
• 地鳴きは「ヒッ, ヒッ」や「カッ, カッ」。「カッ, カッ」の声が火打石で火を起こす際の音に似ることから, 「ヒタキ (火焚き)」の語源になったという説がある。

雄冬羽　10月 愛知県 (T)
腰から下は黒褐色の中央尾羽を除いて赤橙色

ルリビタキ

Tarsiger cyanurus
Red-flanked Bluetail

【全長】14cm（スズメより小さい）

【分布】日本では基亜種 *cyanurus* が北海道, 本州, 四国の平地～亜高山帯の針葉樹林や落葉広葉樹林で繁殖し, 九州でも繁殖記録がある。冬には本州中部以南の公園や林などで越冬し, ジョウビタキよりもやや暗い環境を好む。

【観察のポイント】

- さえずりは「チョロチュルチュリリッ」などとテンポの速い声。聞きなしは「ルリビタキだよ」。
- 地鳴きはジョウビタキによく似た「ヒッ, ヒッ」や「カッ, カッ」だが, 「カッ, カッ」はジョウビタキよりも少し丸みがあり, 「クッ, クッ」とも聞こえる。
- 雄が風切外縁まですべて青くなるのに4年以上かかると言われている。

雄成鳥　2月 長野県 (Hs)
頭から尾の上面が青く, 白い眉斑がある。風切外縁も青い。下面は白く, 脇は橙色

雄第2回夏羽？　6月 長野県 (T)
上面の青には褐色味があり, 風切外縁も褐色。羽衣の変化には個体差があるため, もっと年上の可能性もある

雄第2回冬羽？　1月 長野県 (Hs)
第2回夏羽？の個体よりも褐色味が強い

雄第1回冬羽　2月 愛知県 (T)
雄の幼鳥や第1回冬羽は雌に似るが, 尾の青色味が強く, 脇の橙色も鮮やかで, 小雨覆に青色味がある

性齢不明　2月 愛知県 (T)
小雨覆に青色味がない。このような個体は成鳥の雌, 第1回冬羽の雌雄のいずれかの判断が難しい。脇の橙色がやや濃い点は雄の第1回冬羽的

オジロビタキ

Ficedula albicilla

Taiga Flycatcher

【全長】11〜12.5cm

【分布】ウラル山脈からシベリア東部，カムチャツカ半島にかけて繁殖し，インド亜大陸や東南アジア，中国南東部で越冬。日本では旅鳥として春（5月中〜下旬）と秋（9月下旬〜11月初旬），主に日本海側を通過する。本州本土では稀だが，近年冬季に観察されている。亜種はない。

【観察のポイント】

- 大きな木のある林の縁や公園などの林内で見られる。
- 翼を小刻みに震わせながら尾を上げ，ゆっくり下ろす行動をくり返す。このとき少し尾を広げるので，外側尾羽の白色部が見える。
- ニシオジロビタキに比べ，よりせわしなく行動し，より警戒心が強いことが多い。
- 警戒すると樹の高いところやブッシュに避難する。採食時は林内の中〜低層で行動し，ホバリングや地上に降りてクモ類やチョウ目の幼虫などを捕らえる。
- ニシオジロビタキより速い，ぜんまいを巻いたような「ジィィィッ」という声で存在に気づくことが多い。両種の声や羽色，行動の違いを比べてみよう。

雄夏羽　5月 石川県 (T)
下面の橙色部は雄の喉と上胸までで，その下側は灰色である点がニシオジロビタキと異なる。本種の雄はニシオジロビタキより1年早い，第1回夏羽（生後2年）で橙色の喉となる

第1回冬羽　11月 大阪府 (U)
ニシオジロビタキ同様，外側尾羽（少なくとも3対）の基部半分が白いのが和名の由来

第1回冬羽　12月 大阪府 (U)
長い上尾筒は漆黒で，尾羽よりも黒色味が強いのがニシオジロビタキとの識別点（37ページ中段写真参照）。下嘴は基部まで黒っぽく，ニシオジロビタキと比べて頑丈な印象

第1回冬羽　12月 奈良県 (U)
本種は胸に灰色味があり，脇付近がバフ色っぽく見える。

第1回冬羽　3月 兵庫県 (U)
長い上尾筒が黒褐色で, 尾羽と同程度かより淡色
(下写真参照)。上尾筒の淡色の羽縁はオジロビタ
キより太い傾向があるようだ

雄成鳥　3月 兵庫県 (U)
下面の橙色部は喉から胸に達し, その下側が灰色で
はない点がオジロビタキと異なる。本種の雄はオ
ジロビタキより1年遅い, 第2回夏羽 (生後3年) で
橙色の喉・胸となる

ニシオジロビタキ

Ficedula parva
Red-breasted Flycatcher

ニシオジロビタキ (左：雄成鳥　3月 兵庫県) とオジロビタキ (右：第1回冬
羽　12月 大阪府) の上尾筒 (U)
上尾筒の色が両種の識別点の一つ。ニシオジロビタキは黒褐色で, 尾羽と同程
度か, やや淡色なのに対し, オジロビタキは漆黒で, 尾羽と同程度かより黒い。
ただし個体差があり, 横向きだと色の判断が難しいことがあるので注意

【全長】11〜12cm
【分布】ヨーロッパ中部からウラル山脈にかけて繁殖。主に
インド亜大陸で越冬するが, 日本やアフリカ北部も定期的
な越冬地になっている可能性がある。国内では主に秋 (オ
ジロビタキより少し遅く, 10月中旬〜11月下旬) に少数が
全国を通過し, ごく少数は越冬する。4月中〜下旬には繁
殖地へ戻る途中の個体が見られることがある。以前はオジ
ロビタキと同種とされたが, 近年は別種とされる。亜種は
ない。
【観察のポイント】
• オジロビタキよりわずかに小さい。よりコンパクトで丸っ
  こい印象。
• 大都市の公園でもほぼ毎年どこかで見られる。小さな公
  園でも秋に見つかる可能性があるので注意。
• オジロビタキ同様, 林内や林縁を好み, 尾を上げ下げす
  る。オジロビタキほど警戒心が強くない個体が多い。
• オジロビタキより少し遅い「ビティティティ」という声で
  よく鳴くほか, 春先には他種の声を真似ながらぐぜること
  がある。

ニシオジロビタキが冬季に観察された環境　3月 兵庫県 (U)
上段左写真の雄が2シーズン連続で越冬した場所。警戒時に避難できる暗い林
と, 採食に適した明るい林縁がセットになっている。渡り時期にはもう少し下生
えが密な林内で見られることもある

冬の平地で会いたい3大小鳥
ジョウビタキ・ルリビタキ・オジロビタキの
出会い方 & 見分け方

「ルリビタキはどこに行けば出会えるの?」「ジョウビタキを庭に呼びたいんだけど」……親近感があって,なおかつ会えたらうれしい,冬の平地の小鳥たちに会いに行こう!

雄

ひなたがお似合い!
庭にもやってくる

ジョウビタキ

Daurian Redstart

全長 14cm

雌

原寸イメージ
撮影 ● 水中伸浩

明るい林が好き
ちょこちょこ飛び回る

オジロビタキ
（ニシオジロビタキ）

Taiga Flycatcher

全長 12cm

原寸イメージ
撮影 ● 水中伸浩

雄

文 ◉ 岩本多生

Profile いわもと・たお
1982年, 神奈川県に生まれる。バード
ウォッチング専門店ホビーズワールドの
スタッフ。休みの日には, 4歳になった
息子を幼稚園に預ける合間の4時間
で, 近所の大山や平塚の田んぼで鳥見
を楽しむ日々。残念ながら, 息子は鳥よ
りも機関車トーマスに夢中。

雌

日陰の宝石!?
恥ずかしがりやな鳥

ルリビタキ

Red-flanked Bluetail

全長14cm

原寸イメージ
撮影 ◉ 水中伸浩

雄

雌

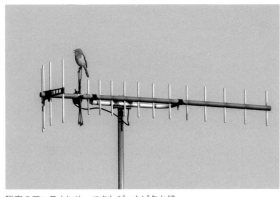

隣家のアンテナにやってきたジョウビタキ雌

ジョウビタキ雄。こういった開けた環境は, いかにもジョウビタキが好みそうな雰囲気だ

鳥が好む環境とは

秋, どこからか「ヒッヒッ」という声が聞こえてくる。ジョウビタキだ。この声を聞くと「秋だなぁ」と思う人も多いだろう。ジョウビタキは明るい環境を好むため, 住宅地の庭や公園, 農耕地など身近な場所で見ることができる。

一方, ルリビタキは, より山や林の環境を好む。筆者は, 「ルリビタキに会うには?」と質問されたら, まずは大きな都市公園や自然公園, 里山の環境がある場所に行くことをおすすめしている。

オジロビタキが見られる環境は疎林(樹木の枝や葉の密度が薄い林)で, 梅林をはじめ, 木が所々に生え

た河川敷のような明るい環境を好んで生息している。スズメよりも小さい鳥がチョロチョロ飛び回っている印象だ。場所によっては, ジョウビタキ, ルリビタキ, オジロビタキが同じエリアで見られることもある。

鳴き声に耳を傾けよう

ルリビタキもジョウビタキも, 見つける際の大きな手がかりとなるのは鳴き声だ。ジョウビタキとルリビタキの地鳴きは, どちらも遠方からでもよく通る「ヒッヒッ」という声のほか, 近くでないと聞こえづらい「カカッカカカッ」という2パターンの声がある。特に秋に渡来したばかりのころは, なわばり宣言のため頻

繁に聞かれるので, それらの声を頼りに歩き回ってみよう。ジョウビタキのほうがはっきりした声で, ルリビタキはより声量が弱くやさしい印象を受ける。だが, 声だけで判断するベテランバーダーもいるが, あまり先入観をもたず, 識別の参考程度に留めたい。鳴き声をキャッチしたら, 青か橙か, 雄か雌か, 運試しだ。

オジロビタキは, ジョウビタキやルリビタキとよく似た「ヒィヒィ」という声や, 「ギリリリ」と聞こえるパターンの声で鳴く。ユーラシア大陸東部で繁殖するオジロビタキと, ユーラシア大陸西部で繁殖するニシオジロビタキの2種は識別が困難で, 外見よりも地鳴きの違いが重要なポイントになる。「ティティティ」と一音ずつ聞き取れるならニシオジロビタキ, 間隔がもっと短く「ジィィィ」と楽器のギロのような音で聞こえるならオジロビタキだ。スマホやカメラの動画機能で鳴き声も忘れずに記録しておきたい。

幸せの青い鳥を探しに行こう

ルリビタキは, 雄の上面がきれいな瑠璃色に達するまでに3年ほどかかるといわれている。小鳥の平均寿命が1〜2年であることを考えると, 希少な存在といえる瑠璃色のきれいな雄と出会えたなら, 幸せになれること間違いなしだ。

落ちている木の実を狙って凍った池の上に降り立つ, 通称スケートルリビタキ

ジョウビタキとルリビタキの初認を読む

文 ● BIRDER

BIRDERでは，北は北海道から南は沖縄まで，全国の観察施設の鳥情報を掲載した付録「BIRDER DIARY（2021年より鳥見手帖）」を1月号の付録につけている。ジョウビタキとルリビタキは注目度が高く，初認記録が残っているケースが多い。ここではその情報を元に，両種の渡来の傾向を探ってみた。

●ジョウビタキのほうが早いことの裏付け

2012〜2019年の8年で7回以上の記録が残っている施設[1]を対象に調べると，ジョウビタキの平均的な渡来日は10月19日，ルリビタキは11月14日と両者の間には1か月程度の差があった。渡来の順番と差は図鑑や本書の解説でも触れられた通り，その数量的な裏付けである（表）。

次に渡来日の傾向を見てみよう。過去に類似の解析をオオルリやキビタキで試みたが，キビタキは早い年と遅い年の傾向が各施設で割ときれいにそろっていた[2]。

ジョウビタキ（図1）の場合，例えば2014年（早い）−2015年（遅い）−2016年（早い）と，早い年と遅い年が交互に来るような傾向がやや見えるが，逆の動きをしている施設もあり，キビタキほどきれいにそろわない印象だ。特に気になるのは2012年の東京港野鳥公園で，極端に早い9月25日の渡来となっている。あまりに外れたデータなので，今回の原稿執筆にあたり，改めて確かめてみたが，間違いはないとのことだ。

一方のルリビタキ（図2）では，渡来日の早い・遅いは年や施設によってバラバラで，何の傾向も見出せないという結果であった。

●冬鳥が冬鳥でなくなる？

冬のヒタキとして並び称される2種だが，図鑑ではジョウビタキが「冬鳥」，ルリビタキは「漂鳥」と書かれている。ルリビタキは夏の間，国内の標高の高い場所にいて，例えば食物が減ったり，積雪があるといった環境の変化に応じて平地に下る鳥だ。その移動の規模はジョウビタキより小さいと予想され，各個体が夏を過ごした，より小さな地域単位の環境変動が影響するだろう。「何の傾向も見出せない」という理由はそこにあるような気がする。

ではジョウビタキはどうか，今でこそ冬鳥だが，本書でも紹介しているように，各地で繁殖が記録され「留鳥化」が進んでいるとさえいわれる。2012年の東京港野鳥公園の極端に早い個体は，実は国内で繁殖した個体なのではないか——そんな憶測もできてしまう。留鳥となってしまえば，初認も終認もなくなってしまうが，記録をとり続けることで，それもいずれわかってくるだろう。

（本稿制作にあたり，情報を提供していただいた各施設に深くお礼申し上げます）

※1
ジョウビタキ：東京港野鳥公園（東京），横浜自然観察の森（神奈川），豊田市自然観察の森（愛知），姫路市自然観察の森（兵庫），湖北野鳥センター（滋賀），米子水鳥公園（鳥取），油山市民の森（福岡）
ルリビタキ：横浜自然観察の森，豊田市自然観察の森，姫路市自然観察の森

※2
BIRDER DIARY でヒタキの初認を読む（『BIRDER SPECIAL 日本の渡り鳥観察ガイド』6ページ）

	2012年	2013年	2014年	2015年	2016年	2017年	2018年	2019年
ジョウビタキ	10/26	10/25	10/24	10/27	10/23	10/25	10/21	10/17
ルリビタキ	11/14	11/20	11/19	11/15	11/16	11/21	11/18	10/27

表1 豊田市自然観察の森（愛知）におけるジョウビタキとルリビタキの初認日

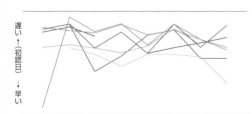

図1 年による，ジョウビタキの渡来日の推移

図2 年による，ルリビタキの渡来日の推移

ジョウビタキ観察MAPを作ってみよう

～個体追跡観察入門～

Daurian Redstart

ただ見るだけでは終わらない，個体を観察の魅力とノウハウとは。ジョウビタキの追跡マップを作って観察を楽しもう（編集部）

文・写真 ● 大西信正

Profile おおにし・のぶまさ
1965年生まれ。㈱生態計画研究所早川事業所所長。宮城県金華山島のニホンジカを長期間にわたり研究し，約800頭近くの個体を追跡した。長野県軽井沢では，シジュウカラやムササビ，ヤマアカガエルなどを個体追跡した。現在は山梨県早川町で個体追跡法を取り入れたさまざまなバードウォッチングツアーを開催している。

写真1 ツルウメモドキを食べるジョウビタキ

個体追跡とは？

1羽の鳥が何をしているのか，同じ個体をじっくりと長期間，観察や追跡をしたことはあるだろうか？

じっくり観察することで，何気なく，ただ止まっているだけに見える行動が，実は意味があったことがわかるようになる。また，観察個体をよく見て，彼らが何を見ているのか知れば，愛着も沸く。同じ個体を観察するためには餌台を設置する方法もあるが，鳥の自然な生活をかいま見る追跡の方法を今回は紹介したい。この観察方法が身に付けば，ふだんのバードウォッチングが今以上に楽しくなるはずだ。

個体追跡入門にぴったりの鳥

ジョウビタキはバードウォッチングの入門として観察することが多いが，鳥の個体追跡の入門にもぴったりな鳥でもある。

その理由は発見のしやすさにある。ジョウビタキは「ヒッ，ヒッ，カッ，カッ」と鳴くテリトリーコール（なわばり宣言）を頼りに探すと簡単に発見できる。鳴いていない場合も，かん木や杭などの目立つ場所に止まる。ことが多く，地面と行き来しているので見つけやすい。また，なわばりがわかれば，長期間同じ個体の観察を続けられるところも入門向きだ。

個体観察ポイント① なわばり争い

ジョウビタキを見つけたら，渡来後の1か月はなわばり争いが頻繁に見られるのでまずはそれを観察したい。1羽がテリトリーコールを鳴くと，別の個体が鳴き交わす。そうすると，先に鳴いた個体が鳴き交わした個体に向かって飛んでいく。また，静かに地面で採食しているところに別個体が近くで鳴き，取っ組み合いの闘争が始まることもある（写真2）。ジョウビタキたちにとっては闘争中は必死なのだが，観察者にとっては楽しい時間だ。動かずにその様子を観察していると，闘争中のジョウビタキが近くまで来てぶつかりそうなことも

写真2 ジョウビタキの闘争

写真3 周囲を警戒する様子

しばしばある。ただし、こちらが近づくとさすがに逃げてしまう。

争いを経て確立したなわばりには、利用頻度の高い場所とそうでない場所がある。利用頻度の高い場所の多くは採食場所のようだ。

なわばりの観察を続けていると、時間が経つとともに境界線がルーズになっていく様子もうかがえる。秋は、定期的になわばり全体が見える場所でテリトリーコールをするが、冬になるとその行動もだんだん見られなくなり、なわばり内を探してもいないこともある。

個体観察ポイント②　体の向きにも注目！

かん木や杭などに止まっているところを観察してみよう（写真3）。これは、周りを警戒すると同時に、地面などに降りて採食をしているときに見られる。新しく杭などが立つと、すぐに利用することが多い。ジョウビタキにとって、周りが見渡せる場所は重要なのだろう。さらに、杭に止まる姿をよく観察してみよう。いつも同じ方向を向いて止まっていることがないだろうか。その向きには、隣接するなわばりがあることが多い。

個体観察ポイント③　ねぐら入り

朝はなわばりの見回りや採食を頻繁にしているが、夕方になると声が聞こえなくなってくる。その時間帯にジョウビタキの追跡をすると、ねぐらに入るところが観察できる。ただし、見られるのを嫌がるようで、なかなかねぐらに入ってくれない。目が合うとなおさらである。ねぐらには、すばやく隠れるように入り込んでしまう。ねぐらは常緑の枝の中などにあるが、河川ではヨシ原、市街地では植木鉢の間に入り込むのを観察したこともある。

このねぐら入りの観察は細心の注意が必要だ。観察者が見ているのをカラスが見ていたり、人の匂いを頼りにネコやテンなどの哺乳類を呼び寄せてしまうことがある。ずっと一点を注視すると、そのような捕食者たちにジョウビタキの居場所を知らせてしまうので、距離を取り、注視はせず、体の力を抜いて、ジョウビタキ以外のものに目を向けたり、「散歩をしているだけです」という「観察していないふり」をすることが有効だ。非科学的に思えるかもしれないがこれは案外大事で、人間のちょっとした行動のサインを捕食者たちもよく見ているようだ。

写真4 にらみあう2羽の雄

地図と
クリップボード

デジタル時計

3〜4色
ボールペン

双眼鏡
(8〜10倍程度)

①記録項目を決める

移動のルート・何をしていたか・時間

②記載ルールを決める

飛翔（直線）地面でのホッピング（破線）・採食 (E)・闘争 (B)・テリトリーコール (C)

ジョウビタキ観察 MAP の作り方

ジョウビタキのさまざまな行動を観察できたら，追跡して記録に残してみよう。記録をすることで，客観的に行動を見返すことができ，観察している個体やその行動をより深く理解できる。また，ジョウビタキのなわばりも俯瞰的に知ることができて楽しい。筆者の観察方法を紹介しよう。

個体追跡を記録するコツ

観察しながら記録を書き込むのは難しい。データを記入している間に鳥が移動し，見失うからだ。いかに記録用紙を見る時間を少なくするかがコツになる。そのため，決まった記録方法や短縮文字を使うのだが，行動が起こったごとに記録するのではなく，ある程度覚えておいて，まとめて記録する。慣れてくると行動が予測できるようになるので記録する時間を確保できるようになる（写真5）。

さまざまな行動を観察するためには，長時間の追跡が重要だが，それは追跡している個体に受け入れられないと達成できない。嫌がられると木の裏に逃げてしまったりして，追跡させてくれないのである。そうならないようにするには，個体への影響がいちばん少ない場所を選び，そこからあまり移動しないことだ。加えて，観察者の姿を見せることも重要。うまくいくと，追跡しているジョウビタキが目の前の杭で休んだり

してくれる（写真6）。ジョウビタキに受け入れられたように思えるうれしい瞬間である。

ジョウビタキにストレスを与えずに受け入れてもらうには追跡個体の目線を追って動き，彼らの気持ちを理解する必要がある。何を見ているのかがわかると，行動の目的がわかり，次の行動が予測できるようになる。そうなれば，観察場所を移動する際に先回りができるのである。個体追跡とは目線を追跡することといっても過言ではない。ジョウビタキの目線を追ううちに，行動や目的がわかるとともに，自然と嫌がられる距離感を掴み，受け入れてもらいやすくなる。

写真5 個体追跡の様子

写真6 追跡中に近くにきたジョウビタキ

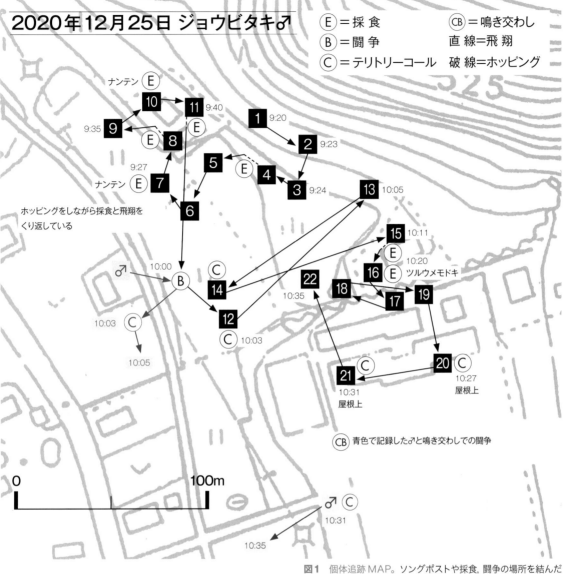

Ⓔ = 採食	ⒸⒷ = 鳴き交わし
Ⓑ = 闘争	直線 = 飛翔
Ⓒ = テリトリーコール	破線 = ホッピング

2020年12月25日 ジョウビタキ♂

ナンテン Ⓔ

10 → 11 9:40

9:35 9

Ⓔ 8

ナンテン Ⓔ 7

9:27

ホッピングをしながら採食と飛翔を
くり返している

5 ← Ⓔ

4

6

1 9:20

2 9:23

3 9:24

13 10:05

15 10:11

Ⓔ

16 Ⓔ 10:20 ツルウメモドキ

♂ 10:00

Ⓒ

B

14

22

18

17

19

12

Ⓒ 10:03

10:03 Ⓒ

10:35

10:05

21 Ⓒ

屋根上 10:31

20 Ⓒ

10:27 屋根上

ⒸⒷ 青色で記録した♂と鳴き交わしでの闘争

0 ────── 100m

♂ Ⓒ

10:31

10:35

図1 個体追跡MAP。ソングポストや採食,闘争の場所を結んだなわばり図。個体識別は難しい鳥なので,多人数で追跡できるとより正確で,行動の関係性もわかりやすくなる。時間や飛翔距離,周囲の様子も簡単にメモをしておけば,当時の状況がもっとわかりやすくなる。使用するペンは3色〜4色がおすすめなのは,鳥ごとに色を変えて行動を記録するため

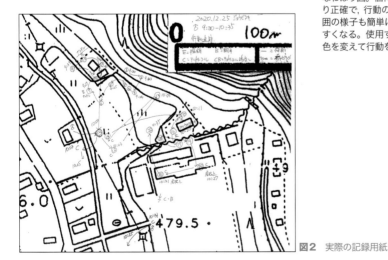

図2 実際の記録用紙

夏山を彩る ルリビタキ

Red-flanked Bluetail

調査の依頼を受けて訪れたのは夏の山。標高2,000mの地で見られる，ルリビタキの緊張感を伴った活発な姿に惹かれ，通い続けることとなった。

撮影には彼らの命を繋ぐドラマに敬意をはらって臨み，造巣〜育雛後半期の観察は避け，頻度も極力抑え，また自作カモフラージュと遠隔操作を用いるなど，親子に与える圧迫を最小限とするよう心掛けた。

ルリビタキが高山に発するenergyを感じていただきたい。

文・写真 ● 横山広和

Profile よこやま・ひろかず

1971年，富山県生まれ。BIRDER2011年1月号にハイイロチュウヒのグラビアを寄稿。現在は主に森林系の小鳥類を観察している。引き気味の野鳥写真には定評があり，ホームページ「野鳥撮影のレンズ選び」を制作。 ▶ http://www.trinitylumberton.org/

∥森林限界でのさえずり∥

標高約2,400m。森林限界付近では，ルリビタキは占有種といえるほど個体数が多く，樹木の梢でなわばり主張する雄があちこちに見られる。6月上旬
キヤノン EOS 5D Mark III／
EF200mm F2L IS USM
f2.0　1/5000　ISO 100

╱さえずりのフレーズと間╱

ルリビタキのさえずりは，2秒程度の単調なフレーズと6秒程度の間のくり返しが基本。フレーズは「フィ・ヒョロヒュルチョロチョロ……」といった感じで，「へ」の字のように前半に強めのアクセントが入り，後半にややボリュームが下がる。単調であるがゆえに複数羽による合唱や輪唱の重厚さは言葉にできない感動がある。さえずりは4月からお盆ごろまで続く。7月下旬
キヤノン EOS 6D／EF800mm F5.6L IS USM
f5.6　1/160　ISO 2500

//なわばり争い// 緊張したにらみあいが1時間近く続いた後，ついにもみあいに発展。2羽は絡みあうように地面を転がる。5月下旬　ニコン D5／AF-S 300mm f4D ED　f5.6　1/4000　ISO 22800

∥はげしい闘い∥

攻撃は嘴で頭部をつついて行われる。このときは若い雄が優勢で，年長の青い雄は撤退を余儀なくされた。5月下旬
ニコン D5／AF-S 300mm f4D ED
f5.6　1/4000　ISO 18000

∥雄を呼ぶ∥

ペアリング成立直後と思わる雌雄に出会った。雌は尾羽をピンと跳ね上げ，翼を上下し，雄をしきりに呼んでいた。巣の場所が見つかったのだろうかと想像を膨らませつつ，すぐにその場を離れた。6月初旬
キヤノン EOS-1DX Mark II／EF100-400mm
F4.5-5.6L IS II USM+ extenderEF1.4 × III
f8.0　1/1600　ISO 25600

∥糞を運び出す∥

巣を汚さないよう，親鳥がいないときでも雛はちゃんと外に糞をするように本能が備わっている。雛の糞は親鳥がくわえて外に運び出すが，決して巣の近くには捨てず，何十ｍも先まで一気に飛んでいってしまう（経験・知識から考案した専用カムフラージュを用意するなど入念な下準備を行い，短時間で撮影）。7月上旬
キヤノン EOS 6D／EF500mm F4L IS II USM＋extenderEF1.4×III
f5.6　1/500　ISO 12800

∥巣立ち∥

雛はまだ飛べない段階で歩いて全羽が同日に巣立ちする。巣立った雛は分散して茂みや倒木に隠れ，天敵の襲撃による全滅の危険を回避する。ぶち模様の体色は目につきにくく雛はほとんど動かずにじっとしているので，目の前にいてもその存在に気づくことは難しい。7月中旬
キヤノン EOS 5D Mark III／EF400mm F2.8L IS USM＋extenderEF1.4×III
f4.0　1/200　ISO 6400

雄第２回冬羽へ

10月初旬，青い体に換羽途中の雄成鳥に出会った。9〜10月にかけての換羽期間は，木の陰に潜んでいて声もほとんど出さないので，姿を見つけるのが最も難しい時期である
ニコン D800E ／ AF-S 300mm f4E PF ED VR＋TC-17E Ⅱ
f6.7　1/250　ISO 400

ルリビタキの成人式

10月下旬。数か月前に生まれた幼鳥も換羽を終え，大人の仲間入りをする。この時期の光り輝くカラマツの黄葉は，ルリビタキの成人を祝福するかのようだ。そして，落葉した葉は来年に巣材となり，また新たな命を育む
キヤノン EOS-1DX Mark Ⅱ／EF400mm F4 DO IS Ⅱ USM　f4.0　1/320　ISO 125

夏ルリビタキは山にいる

～鳥の垂直分布を理解する～

冬の身近な鳥であるルリビタキ，図鑑の解説にはよく「亜高山～高地で繁殖する」とあるが，実際に夏の間はどこにいるのだろう？

文・写真 ● 森本 元

Profile もりもと・げん
山階鳥類研究所研究員。東邦大学客員准教授ほか。専門分野は鳥類学，生態学，行動生態学，羽毛学など。ルリビタキを中心とした山地鳥類研究，鳥の色彩の研究，都市鳥研究は長年の研究テーマ。ここ数年は，羽毛に絡むバイオミメティクス研究や，渡りや個体群の分析などの研究が増えている。基本的に鳥がらみなら何でも調べている。

ルリビタキは夏，どこにいるのか？

　この質問への答えは一つだ。「繁殖地である山林にいる」のである。だが，それはどこかと問われると，それなりに説明が必要である。

　ルリビタキの分布については，「本州中部辺りでは標高1,500m以上の亜高山帯（写真1）で繁殖する」などと書かれることが多い。このような記述を読んだり，ときには自分で書くこともあるのだが，この表現には常にひっかかりを覚えていたことを，ここで白状しておきたい。紙面に余裕があるときは「ただし，北海道を含む高緯度地域では，植物相の垂直分布に従い繁殖標高は低下する」といった記述を追記するが，ここまで解説できることは稀である。

　図鑑などの記述は文字数が限られ，ざっくりした内容になるのは仕方ないが，この「本州中部辺りでは」とわざわざ補っている点に，執筆する側の苦労の跡が感じられる。言葉を返せば，他所では違うと言っているようなものだ。広い日本を一律には扱えず，関東近郊の読者はこの説明に納得しても，北海道の読者は違和感を感じることが多いのではと，心配になってしまう。

写真1 ルリビタキの繁殖環境。本州では漂鳥である本種は，春になると越冬地から繁殖地である亜高山帯の森林へ渡来し，繁殖のために生息する。苔むした林床のシラビソ，コメツガなどによる混交林の代表例

垂直分布と南北の関係

　こうした問題を理解するための答えが，「垂直分布」という今回のキーワードだ。垂直分布とは，言葉そのままの意味であり，生物の垂直方向の分布のことである。例えば，夏山ではふもとの山地帯にセンダイムシクイやコサメビタキが生息するが，上のほうにはおらず，その逆に，ルリビタキやメボソムシクイはふもとにはおらず，上の亜高山帯に生息している。ある生物種がある高さで暮らしている，このような生物の縦方向の分布の違いを指す用語である。

鳥の生息と関連が深いのが, 植物の垂直分布である (図1)。夏に本州の山で見られるような植物相は, 北海道やもっと北の海外であれば, 平地で見られるようになる。これは気温に依存して起こっている。地球は大きい。そして日本は南北に長い。南ほど暖かく, 北ほど涼しい。それゆえ, 本州の真ん中の山の中腹で見られるような生物は, 南へ行くともっと高い標高でないと生息できない。逆に北へ行くと, より低い標高でも生息できる (図2)。そしてこの傾向はルリビタキも同様である。

本種は本州以南では夏に山の上で繁殖し, 冬になると平地に降りる漂鳥とされる。他方, 東北の一部や北海道などの北方では夏鳥である。同じ地域の山の上とふもとであっても, 実際は個体が入れ替わっている

場合も多いだろう。冬には平地の公園などで身近に見られる本種だが, 実はかなり季節的な移動をしていることがわかる (図3)。

夏のルリビタキがいる 標高のよもやま話

それゆえ, 前述したように「本州中部辺りでは」標高1,500m前後より上の亜高山帯の森林が, 夏にルリビタキが繁殖している場所である。これが東北ならば, 垂直分布はより低標高からとなる。さらにずっと北まで行けば, 平地でも夏にルリビタキが生息するようになる。これが今回の答えである。「1,500m前後から上の山地に生息」と書かれることが多い一因は, 1,500mという, 数字上の区切りのよさではないかと思って

いる。これに加えて, ルリビタキが最初にしっかりと研究されたのは, 1970年ごろの信州大学での研究であった。これもまた「本州の……」とされる理由なのかもしれない, というのが筆者の想像だ。

なお実は, この1,500mという値はなかなかいい線をいっている。本州の中心辺りの山々を見てきた経験から, 1,400mや1,600mなど場所による違いはあるが, これらを総じてざっくり表現するなら「1,500m前後」となるだろう。表現の落としどころとして悪くない選択だと思うのだ。

【参考文献】
森本元ほか. 2014. BIRDER SPECIAL 富士山バードウォッチングガイド. 文一総合出版, 東京.
山階鳥類研究所. 2002. 鳥類アトラス. 山階鳥類研究所, 千葉.

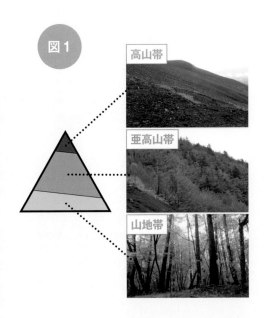

図1

高山帯

亜高山帯

山地帯

山地における植生環境の垂直分布。本州中部辺りの例。ふもとは落葉広葉樹による夏緑樹林である山地帯, 森林限界より下は針葉樹を中心とした亜高山帯, 森林限界より上は主に裸地や限られた植生による高山帯となる

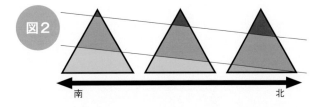

図2

南　　　　　　　　　北

垂直分布と南北の関係。同じ生物でも, 南北の気温の違いに依存し, 種ごとに生息できる標高, すなわち垂直分布が変化する。南ほど温かく北ほど寒い。それゆえ, 北ではより低い標高で同じ生物が生息可能になる

図3

鳥類標識調査から判明したルリビタキの移動例。個体別に異なる番号を付した足環を装着する調査によって, 北海道では夏鳥であるルリビタキが, かなりの距離を移動していることがわかる。本図は, 鳥類アトラス (山階鳥類研究所 2002) を参考に作成した

冬のヒタキを聞き分けよう！

ルリビタキ
ジョウビタキ
オジロビタキ

ルリビタキとジョウビタキの地鳴きは似ているため，聞き間違えることがよくある。さらにこの2種が平地で見られるころには，夏鳥のキビタキもまだ相当数「残って」おり，やはり同じような声で鳴いているのだ。冬のヒタキを上手に聞き分けるコツはあるのだろうか？

文・音声 ● 松田道生

Profile まつだ・みちお

公益財団法人日本野鳥の会参与。野鳥の声に関しては『日本野鳥大鑑 鳴き声420』(小学館／2001年) の共同執筆，『野鳥を録る』(東洋館出版社／2004年) を執筆，現在放送中の文化放送「朝の小鳥」の収録構成，近著では『鳥はなぜ鳴く？ホーホケキョの科学』(理論社) がある。
野鳥録音のサイト▶ http://www.birdcafe.net/index/syrinx-index.htm
syrinx ブログ編▶ http://syrinxmm.cocolog-nifty.com/syrinx/

　冬に出会うことが多いヒタキ類は，キビタキ，ルリビタキ，ジョウビタキだろう。意外に思われる人もいるだろうが，キビタキには11月中旬，東京都の六義園で出会っている。そのため，ルリビタキが山から下りてくる11月，ジョウビタキが海を越えて渡ってくる10月と重なるというわけだ。都会の公園や里山の雑木林の中から聞こえてくる，これら3種類を声で区別できたらちょっとうれしい。

じっと待てば
聞き分けできる

　キビタキ，ルリビタキ，ジョウビタキは，いずれも短く「ヒッ，ヒッ」と聞こえる声で鳴くことが共通している。声紋を見ると，同じような山型というかU字を逆にしたようなパターンであり，それだけに区別が難しい。ただ，これら3種類の音の高さは微妙に異なる。キビタキは3,500〜4,000Hz，ルリビタキは4,500〜5,000Hz前後，ジョウビタキは5,000〜5,500Hzである。

　耳を澄ませると，キビタキは「ピッ，ピッ」，ルリビタキは「ピッ，ピッ」，ジョウビタキは「ヒッ，ヒッ」と聞こえるのだが，慣れないとこれらの声のみで聞き分けるのは難しいだろう。しかし，しばらく聞いているとキビタキは「グリリ」や「ギュルル」，ルリビタキは怒ったような「ギギギッ」，ジョウビタキは舌打ちのように聞こえる「タッ，タッ」という声を交える。これら特徴のある声が聞こえるまで，静かに待てば間違えることはない。

冬のさえずりの謎

　ルリビタキは真冬でもさえずりを聞くことがある。雄の第1回冬羽などの「雌型の雄」もさえずることがある。ただ，筆者が冬に録音したさえずりは，夏に富士山五合目や奥日光で聞くものに比べて抑揚が少なく平坦に聞こえた。冬ゆえの違いなのか，それともその個体が大陸から渡ってきたなどの「出身地による違い」によるものなのか，興味のあるとこ

ろである。

　ジョウビタキは，秋に渡ってきたばかりのころにさえずりを聞くことがある。さえずりには同じような短めの節で間を開けて鳴くパターンと，複雑な節を長く鳴き続けるパターンがある。この違いの理由も気になる。ここ数年，各地からジョウビタキの繁殖の情報が伝えられているが，さえずりが広く知られるようになれば，もっと記録が増えることだろう。

　また，ジョウビタキは渡去する2〜3月にぐぜりを聞くことがある。これは，激しい抑揚のある鳴きかたで，ラジオのチューニングのような音，紙を丸めるような「クシャクシャ」と聞こえる音などを交え，とても複雑な節回しである。ぐぜりの意味とされているさえずりの練習にしては，かなり高度な鳴きかたで，複雑さは本来のさえずりを超えているように思える。ただ，声量が低く頻繁に鳴かないため，聞き逃してしまう。このぐぜりにも，何か別の深い意味があるのかもしれない。

ジョウビタキ　10月下旬　石川県輪島市　写真●叶内拓哉

ジョウビタキ *Daurian Redstart*

地鳴き
舌打ちのように聞こえる
「タッ, タッ」 という声が判別ポイント

11月上旬　東京都・葛西臨海公園

さえずり
秋, 渡ってきたばかりのころに
耳にすることがある

6月上旬　韓国・慶尚北道慶州市

ぐぜり
渡去する2〜3月に聞く
複雑な節回しの声

3月下旬　栃木県日光市

ルリビタキ　3月上旬　東京都府中市　写真●叶内拓哉

ルリビタキ *Red-flanked Bluetail*

地鳴き
「ギギギッ」 と怒ったような声を
交えるのが特徴

8月上旬　栃木県日光市

さえずり
真冬でも聞くことがあるが,
夏とは微妙に異なる？

12月下旬　東京都・六義園

キビタキ　5月上旬　北海道七飯町　写真●叶内拓哉

キビタキ *Narcissus Flycatcher*

地鳴き
ジョウビタキやルリビタキと
似た声だが,**「グリリ」** や
「ギュルル」 という声が交じる

4月下旬　東京都・六義園

～鳴きまねのルーツはどこ？～

ニシオジロビタキの ぐぜりを調べてみたら……

鳴きまねといえばモズが有名だが,
鳴きまねができる鳥はほかにもいる。
図鑑には声の情報はあっても,
鳴きまねの情報は少ない。
ここではニシオジロビタキで観察できた
興味深い事例を紹介しよう。

文・写真・図 ● 梅垣佑介

ぐぜるニシオジロビタキ *Ficedula parva* 雄成鳥　3月 兵庫県
林の中で喉を膨らませ，嘴をあまり動かさずに控えめな声量でぐぜっていた

ゴ, ゴシキヒワ !?

2016年3月, 兵庫県加東市でニシオジロビタキ (以下, ニシ) を観察中のこと。突然, ゴシキヒワが飛翔時に出す「ピポピポ, ピポピポ」という声が聞こえてきてびっくりした。あわてて上空を探したが, それらしい鳥は飛んでいない。しかも, 声はニシがいるやぶから聞こえてくる。注視してみると, 筆者が見ていたニシが静かな, しかし複雑な声でぐぜっており, その一節にゴシキヒワによく似た部分があるようだとわかった。さらによく聞いてみると, ゴシキヒワだけでなく, ズアオアトリが飛翔時に出す「キョッ, キョッ」という声に似た部分もあり, ぐぜりの中で複数種の声をまねしているようだという印象を受けた。

ニシは鳴きまねをするのか

この観察から, ニシはぐぜりの中で他種の声をまねするのではないか, という仮説を考えた。同じヒタキ科では, コサメビタキはよく他種の鳴きまねをする。キビタキがコジュケイの鳴きまねをやっているという説の真贋は筆者にはわからないが, 複雑で美しいさえずりで名高いヒタキ科の鳥なら, 他種の声をまねるのもお手のものかもしれない。

そう思って各種の図鑑や論文に当たってみたが, ニシが他種の声をまねるという記述は一向に見つからな

い。ニシとオジロビタキに関する著作が多いスベンソン氏ですら, 鳴きまねのことは何も書いていない。やはり自分の勘違いだったのだろうか?「ニシ」オジロビタキが西のほうに分布する鳥の鳴きまねをするなんて, 確かにできすぎた話だ。

困ったときのBWP

半ばあきらめかけながら, 最後の図鑑を開いてみた。最後の図鑑とは『Birds of the Western Palearctic: Handbook of the Birds of Europe, the Middle East and North Africa』—頭文字を取ってBWPと呼ばれる, 旧北区西部の鳥の生態を詳述した大図

鑑だ。今回の観察をきっかけに注文していたのがようやく届いたので，この本に載っていなかったら勘違いだろうと思い，開いてみた。すると，そこには次のように書かれていた。

「(ぐぜりは)静かで，鳴きまねに富む。parva (ニシ) の2羽の独身雄のぐぜりは，さえずりとは似ていなかった。ぐぜりは4つの種特有の部分のほかに，4種類のスズメ目鳥類の鳴きまねを含んでいた。ぐぜりは静かで，周波数帯が広く，早い時期から聞かれる」

——やはりニシは鳴きまねをするのだ！ 具体的な種名までは書かれていないが，観察と合致する記述が見つかり，揺らぎかけていた自信が確信に変わった。

ニシと他種の分布域

鳴きまねが後天的な学習によるならば，分布が重なっているはずだ。調べてみると，ゴシキヒワはイェニセイ川・アルタイ山脈以西，ズアオアトリはシベリア中南部以西のユーラシア大陸に広く繁殖分布し，低地から山地の落葉樹林や落葉・針葉混交林で繁殖する。一方，ニシはウラル山脈からヨーロッパ東部にかけて繁殖分布し，低地から山地の落葉樹林や針葉樹林で繁殖する。3種の繁殖分布は重なっているようだ。繁殖地で飛んでいるゴシキヒワやズアオアトリの声を聞いたあのニシが，鳴きまねをした可能性は十分に考えられるだろう。

ソナグラムを作ってみたが……

鳴きまねをしていたとすれば，どの程度似ているのかが気になってきた。耳で聞いた限りではよく似ていた

が，実際にはどれくらい似ているのだろう。

そこで，ソナグラムを作ってみることにした。あのニシのぐぜりと，ゴシキヒワ，ズアオアトリの飛翔声のソナグラムをRaven Lite Ver. 2.0を用いて作成した[図1，2](ゴシキヒワとズアオアトリの声はXeno-cantoからダウンロード)。できたソナグラムを見比べてみると……あまり似ていない。ゴシキヒワのほうは，大体の形や大まかな並びは似ているようだが，ニシでは高音部がより高い音になるようだ。一方，ズアオアトリのほうは，まあまあ似ているかもしれない。どちらももっとはっきり，これは似ている！ とい

う感じでソナグラムに出るとよかったのだが，ちょっと期待外れである。

ソナグラムの結果は少し残念だったが，今回の観察を通じて，ニシが鳴きまねをするとわかったのは収穫だった。どういった種の鳴きまねをするのか，近縁のオジロビタキも鳴きまねをするのかなど，今後も興味をもって観察を続けていきたい。読者諸氏にも，ニシやオジロビタキが鳴きまねをしているのを耳にしたら，ぜひ教えていただけると幸いだ。

※本稿はBIRDER2017年10月号に掲載した記事を再構成したものである。

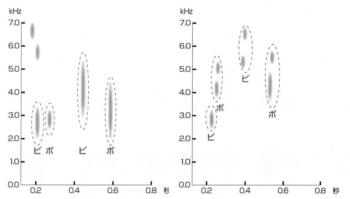

図1 ゴシキヒワの声 (左) とニシのぐぜり (右) のソナグラム。「ピポピポ」と聞こえる4音からなり，音同士の間隔と最初の音の形は似ているが，2声目以降はニシのほうがやや高音。ゴシキヒワの声は Xeno-canto の XC281773を使用

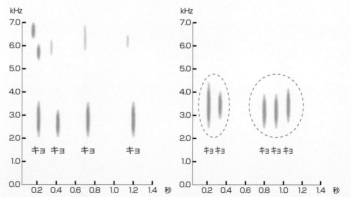

図2 ズアオアトリの声 (左) とニシのぐぜり (右) のソナグラム。やわらかい「キョ」と聞こえる声で，右下がりになる形や2～3声のまとまりで発せられる点は似ているが，今回もニシのほうがやや高音。ズアオアトリの声は Xeno-canto の XC349833を使用

冬麗の華，ジョウビタキ

Daurian Redstart

ジョウビタキは身近な冬鳥だけあって，都市部の公園など
で越冬するものも多い。公園は低木をはじめ，柵や遊具と
いった彼らが好んで止まる場所に事欠かず，観察・撮影がし
やすいのが利点だ。
多くの人が生活する街のすぐそばに可憐な小鳥が暮らして
いるといった事実を伝えたく，写真をセレクトしてみた。写
真家という立場から，それぞれのキャプションには構図の話
なども交えてみたが，撮影時の参考になれば幸甚である。

文・写真 ● 山田芳文

Profile やまだ・よしふみ

写真家。「100種類の鳥よりも1種類を100回」をモットーに野鳥を撮り続ける。鳥がいる風景写真を
偶然ではなく，その鳥の行動をじっくりと観察し，狙い通りの風景に取り入れる「必然撮り」することを
ライフワークとしている。著書に『やまがら ちょこちょこ』（小社刊）など。

∥「必然撮り」向けの鳥∥

紅葉バックで雌を撮った。この場所は
木々が色づく前から目を付けていて，
ジョウビタキが止まる位置やレンズの焦
点距離，カメラ位置とライティングな
ど，細かく作戦を立てながら観察を続け
た。行動パターンがはっきりしている
ジョウビタキは，「必然撮り」の対象とし
てもベストといえる。12月中旬
ソニーα7R Ⅳ／TAMRON 70-180mm
F/2.8 Di Ⅲ VXD（180mm）
f5.6　1/200　ISO800

∥止まり根∥

公園では地上に降りたジョウビタキも割と目にする。とはいえ，少しでも高い場所を選ぶのはやはりこの鳥の習性なのだろうか。この写真は地面に顔を出した木の根に止まる主役（ジョウビタキ）の配分を小さくして，画面左上の大木の幹と対比させ，ジョウビタキのサイズ感を伝えた。1月下旬
ソニーα9／FE 100-400mm F4.5-5.6 GM OSS (139mm)
f5.6　1/125　ISO400

╱ベンチに止まった雄╱

ジョウビタキはかん木やフェンスの上などに止まる姿を目にすることが多いが，人がいなけれ
ばベンチにもやってくる（そこがなわばり内ということでもある）。来園者の少ない平日の午
前，ベンチの前にカメラをセットしてリモート撮影を試みた。45mm の画角で奥のベンチまで
取り入れて，どこの街にもありそうな，いかにも公園という雰囲気を表現した。2月中旬
キヤノン EOS 5D Mark Ⅳ／EF24-70mm F2.8L Ⅱ USM（45mm）
f11　1/200　ISO500

風に煽られる羽毛

季節の変わり目だったからか，この日は，風上に背を向けたジョウビタキの羽毛が逆立つほど風が強かった。静止画で風を表現させるのは難しいが，羽毛が風に煽られる様子で伝わると考え，バストアップで切りとってみた。こんなときは焦点距離を稼げる APS-C 機を使う。3月中旬
ソニーα6600／FE 100-400mm F4.5-5.6 GM OSS（400mm）
f11　1/125　ISO400

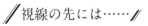

視線の先には……

こちらは105mm の画角で撮った。ジョウビタキの視線の向きとベンチの背もたれのラインがともに左奥へと流れていくようなイメージで構図を作り，歩道の先にある何か（例えばなわばりに近づいてきた別のジョウビタキ，あるいは歩行者）をうかがっている感じを表現してみた。2月中旬
キヤノン EOS 5D Mark Ⅳ／EF100-400mm F4.5-5.6L IS Ⅱ USM（105mm）
f11　1/125　ISO500

渡来してひと月も経つと，芝やかん木の色をはじめ，周囲の景色はがらりと変わる。寒さも厳しくなるため，羽毛に暖かい空気を貯めたジョウビタキの姿も少しふっくらとしてくる。尾を上下に振るのはジョウビタキらしい仕草の一つだが，シャッタースピードを遅めに設定して，尾を振った瞬間にシャッターを切れば表現できる。12月下旬

// 尾振り //

ソニーα7R Ⅳ／FE 100-400mm F4.5-5.6 GM OSS（148mm）

f8　1/30　ISO250

∥渡来直後の景色∥

木々が色づき始めたころ, 昨シーズンと同じ場所に, 同じジョウビタキ雄が飛来し, なわばりをつくった。緑もまだ残る微妙な季節感を伝えるために, 周囲も広く取り入れて撮ったが, まったく同じ場所に止まった左ページの写真と見比べると, 季節の移ろいもわかると思う。11月中旬
ソニーα7R Ⅳ／FE 100-400mm F4.5-5.6 GM OSS（148mm）
f8　1/125　ISO320

∥渡去前のぐぜり∥

3月下旬になるとユキヤナギが満開になり, 春らしさを感じるようになる。この日はしきりにぐぜっていて, おそらく今シーズン最後の撮影になると思いながらシャッターを切ったが, 案の定, 翌日にはいなかった。3月下旬
ソニーα1／FE 16-35mm F2.8 GM（31mm）
f5.6　1/500　ISO160

ジョウビタキの育児（雛）法 時短の確立

～大山（鳥取県）での子育て観察記録

今まで冬鳥だったジョウビタキが，
"慣れない日本"でどんな繁殖をしているのか——？
調べてみると，なかなかしたたかな
子育ての様子が見えてきた。

文・写真・図 ◉ 楠ゆずは・楠なづな

Profile くすのき・ゆずは
2004年生まれ。鳥取県在住。米子水鳥公園ジュニアレンジャー。どんどん新しい発見がある大山のジョウビタキにどハマりしている。冬の滞在先を明らかにするため，足環付きジョウビタキの目撃情報を大募集中。

Profile くすのき・なづな
2007年生まれ。鳥取県在住。米子水鳥公園ジュニアレンジャー。近年はジョウビタキの鳴き声について興味をもち，双眼鏡＋録音機で調査している。ジョウビタキの鳴き声についてはまだよくわかっていないので，新しい発見を楽しんでいる。

個体識別のためにカラー標識を装着したジョウビタキ

2017-2018年の調査

2016年5月15日，鳥取県大山町大山寺の標高約800mの場所で，私たちはジョウビタキの巣と給餌する親鳥を観察し，巣内雛6羽への標識に立ち会いました。巣があったのは大山スキー場や大山寺が近くにある直径400mの範囲の門前町の中で，自然豊かなブナ林に近い登山道入り口の管理棟でした。冬を越えても渡らなかったジョウビタキ——この大山でも本来の繁殖地であるロシアと同じような繁殖が行われているのか，そんな疑問を確かめるため，私たちは来シーズンの繁殖調査に備えて巣箱を作りました。

ひたすら見て歩くという調査

2017年4月17日，地元の人が調べた前年までのジョウビタキの繁殖場

表　見つけた巣の形状のパターン

形状		巣の場所の具体例	特徴	
入れ子型	決まったくぼみに合わせて巣を作っている	• 缶 • 梁の穴	• 産座のみのものもある	
箱型	入り口の形状・大きさ・数はさまざまだが，箱のように囲まれた中に作っている	• 換気扇フード • 窓のすき間	• 巣の入り口側にすそ野があるような形状	
オープン型	4面が囲まれてはおらず，入り口にあたる部分は壁がなく，外の空間とつながっている	• 軒下 • 室外機の上	• スペースに合わせて大きさはさまざま • すそ野があるものが多い	

図1　繁殖していたジョウビタキの巣となわばりの位置関係。3つがいが営巣している（つがいごとにマークが異なり，中でも大きなマークが営巣地）

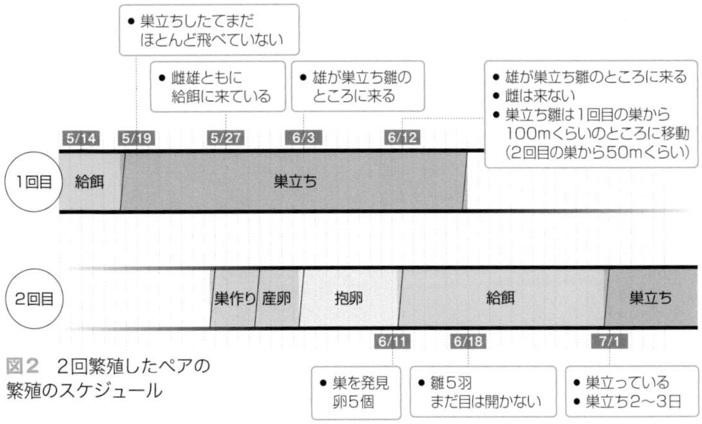

図2の上部ラベル

- 巣立ちしたてまだ ほとんど飛べていない
- 雌雄ともに 給餌に来ている
- 雄が巣立ち雛の ところに来る
- 雄が巣立ち雛のところに来る
- 雌は来ない
- 巣立ち雛は1回目の巣から 100mくらいのところに移動 （2回目の巣から50mくらい）

	5/14	5/19	5/27	6/3	6/12			
1回目	給餌		巣立ち					

			6/11	6/18			7/1	
2回目			巣作り	産卵	抱卵	給餌	巣立ち	

- 巣を発見 卵5個
- 雛5羽 まだ目は開かない
- 巣立っている
- 巣立ち2〜3日

図2　2回繁殖したペアの繁殖のスケジュール

所の情報をもとに，7個の巣箱をかけることから調査は始まりました。しかし，巣箱を利用する様子は一向になく（後に目と鼻の先で営巣していたことがわかる），約3か月にわたる調査の第一歩は巣の探索でした。週末は調査地に通い，朝から日暮れまでジョウビタキを探し，見つけたら日時・地点・行動を記録。飛んだ先を静かに追跡して営巣場所を特定し，巣の形状を写真に撮る—双眼鏡を手に頻繁にうろうろする私たちを，いつしか地元の人が「ジョウビタキの調査だよ」と，周りに説明してくれるようになったものでした。

営巣場所の探索では，1巣を発見するのに数日かかることが多くありましたが，発見を難しくしていたのが雄のさえずりです。調査の参考にしていた極東ロシアのジョウビタキの繁殖研究では，「さえずりは朝の2〜3時間がピークで，ライバルがいなければ午後にさえずることはほとんどない」と記されていたのですが，私たちの調査地では高い杉の木の上や屋上，電柱などで，午後にもさえずる姿が頻繁に見られたのです。このため，さえずっている雄はつがい形成の途中だろうと思ったのですが，後にそういった雄を追跡したところ，その個体が食物をくわえて飛ぶのを目撃，すでに雛が孵ってい

る巣の発見につながりました。それから私たちは，どんな行動でも注意深く飛ぶ方向を観察・追跡することにし，その結果，14巣を発見できたのです。

巣は高さ121〜455cmにあり，多くは踏み台に乗って手を伸ばせば届く範囲にありました。大きさや形状は，作られている場所によってさまざまでしたが，3つのタイプ[表]に共通していたのは，あまり多くの巣材を積まなくてもよい深さであった点。どうやら私たちの巣箱は深すぎてお気に召さなかったようです。

境界線なんて気にしない?!

営巣場所を発見したら，バンダーの土居克夫氏にお願いし，右足にメタルリング，左足には1組のつがいで雌雄同色のカラーリングをつけ，雌はさらにその上につがいごとに異なるリングをつけて個体識別できるようにしました。また雛にも標識可能な大きさになったらメタルリングをつけました。そのおかげでジョウビタキの個体ごとの行動が見え，調査が楽しくなりました。

例えば冬鳥としてのジョウビタキは，なわばり意識が強いイメージですが，当地の繁殖シーズンのジョウビタキはそれが強くないようです。実際，

同時期に繁殖していた3つがいのなわばりを[図1]に示しましたが，もし勢力が均等であると考えると，半径50m程度のなわばりです。しかし行動範囲は重なり，はっきりした境界線はありません。また観察中に雄がソングポストでさえずっている地点から30m以内で別個体の雄が見られても，互いに干渉しないということがしばしばあり，「さえずる意味は?」と聞きたくなるほどでした。

2回の繁殖，同時進行で時短

結論からいうと，当地での繁殖は2回，同じつがいで行われ，1回目と2回目の営巣場所は100mも離れていません。子育て中は雌雄ともに巣内雛へ給餌し，雛の巣立ち後も2日程度は，同じように両親が食物をくわえてせっせと通う姿が見られました。しかしそれ以降の給餌は何度見ても雄だけでした。時期的にそろそろ2回目の繁殖が始まらなければ 次はないかも……と思っていたところ，巣立ち雛のもとから飛び去る雄の追跡によって，別の巣での2回目の繁殖が明らかとなりました。1回目の巣の近くに新しい巣を作るのは，2回の繁殖の一部を同時に行うためではないかと思います[図2]。ロシアでの研究では，2回目の繁

殖は巣立ち後40日後に始まるとありましたが，当地の2回とも繁殖に成功したつがいの場合，巣立ち後2～6日後に次の巣作りが始まっていました。また，1回目の繁殖では巣内雛への給餌回数が雌雄で均等であることがわかりましたが，巣立ちの直後，それまで雌雄で給餌に来ていたのが，数日後には雄のみとなることが観察できまし

た。しかし，巣立ち後の給餌が2回の繁殖ともに雄の役割なのかまでは確認できなかったので，今後は雌雄の役割分担も明らかにしたいです。

今回の調査で10つがいを観察し，思った以上に当地でジョウビタキが高密度で繁殖していることに驚きました。また，2016年に標識した6羽のうち，2羽が同じ大山町で繁殖している

ことも確認できました。2回繁殖することを考えると，巣立ち後も当地に留まるとすれば，本種の数が大きく増加する可能性もあり，今回標識した個体の今後の動きにも注目です。さらに今回の調査で特に興味深かった，冬とは違うなわばり意識については，繁殖期と冬季の食物量や食物内容との関連性などを調べてみたいです。

その後（2019年～）の調査から

私たちは2018年以降も継続調査を行っています。ここでは繁殖について新たにわかったことを紹介します。

●巣立ち失敗が増えている？

2020年以降，大山では捕食により巣立ち成功率が著しく低下してきています。2021年に2つがいの巣にカメラを設置して記録を行ったところ，ヘビが巣内に侵入し，巣内雛を捕食したことを確認しました。特に巣立ち間近の巣への侵入が多い傾向があり，これまで捕食者が確認できなかった巣も，被害後の巣が乱れていなかったことなどから，ヘビによるものが多いと考えています。

孵化，巣立ちともに80％以上が成功し，一腹卵数が6個と少なくないジョウビタキがなぜ，前ページで紹介した「時短スケジュール」を行ってまで，負担の大きい複数回繁殖をするのか——その疑問への答えが，捕食者の存在かもしれません。捕食者（ヘビ）がジョウビタキを認識し捕食した結果，2019年以前の高すぎる成功率が，だんだん本来の数字に近づいたのではないかと考えています。継続調査により，2回繁殖の必要性が明らかになりました。

●成鳥の様子を見て帰るかを決める幼鳥

大山で確認できた最年長の帰還個体は雄成鳥で4年連続です。その個体を除くと，成鳥では雌雄ともに帰還は1～2回で，2回帰還の場合は連続しており，年を空けて帰還した例は今のところありません。また，大山で生まれた雛が翌年の帰還・繁殖を確認しているので，ジョウビタキは生まれた翌年から繁殖可能で，繁殖可能期間は2～4年程度と考えられます。

2021年は幼鳥の帰還率が高く，これは成鳥の繁殖可能期間と関係しているのではと考えています。すなわち，成鳥の帰還率が下がりそうな年に，幼鳥が多く帰還するのではないかということです。これまでの観察で幼鳥は生まれた翌年に帰還せず，その翌年に帰還する例が3例ありますが，幼鳥が繁殖地の確保を考えて帰還する時期をずらしている可能性もあるので，この点は継続して調べていきたいです。

●3回繁殖も

さらに2021年の調査では2つがいが3回繁殖したことも確認できました。この2つがい，ともにつがい相手を変えず，3回とも新しく別の巣を作って繁殖しており，2→3回目の繁殖への移行も，巣立ち後給餌中や巣内給餌直後（繁殖失敗のため）に3回目の巣作りを始める「時短スケジュール」で行われていることが確認できました。

※「帰還」は標識個体が翌年以降，観察地の大山町大山で見られた場合。「帰還率」は観察個体に占める帰還個体の割合を指す（標識した2017年の翌年，2018年からの記録）。

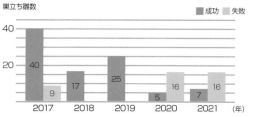

巣立ち雛数

図3 2017～2021年における巣立ち成功数（回）。2020年から捕食の影響で巣立ちの成功が著しく減少している

ジョウビタキの卵。薄い青や汚白色の地色に，褐色の斑が入るものが多い。斑の入り方は多様

3回目の繁殖で雛が孵り，採食に向かう雌。巣の付近で周囲を警戒している様子

42

冬鳥満喫！
野鳥を楽しく見るならこの道具

軽く使いやすいモナークで
鮮明に鳥たちを見たい

「軽量」「コンパクト」「鮮明な視界」
見ることの楽しさが広がるニコン MONARCH シリーズ

「できるだけ明るくクリアな視界で鳥を見たい」その思いをかなえるニコン MONARCH シリーズ。高低差のある移動が多い山間部でのバードウォッチングでは、ニコン双眼鏡 MONARCH M7, MONARCH HG の軽量 30 口径モデル。暗い森の奥でより明るく観察するには 42 口径モデル。遠い樹上の鳥たちをより大きく見るには MONARCH フィールドスコープ。シーンに合わせて選べるニコン MONARCH シリーズで、軽く、明るく、楽しく、冬鳥たちとの出会いを堪能しよう。

MONARCH M7　30 口径
『ED レンズ採用、広視界モナーク
　　　　　30 口径モデル』

◎色のにじみの原因となる色収差を改善し、クリアな視界を提供する ED レンズ。
◎広い風景も存分に楽しめる、見かけ視界 60°以上の広視界タイプ。
◎撥水・撥油コーティング、防水仕様でタフなアウトドア環境でも活躍。

MONARCH M7 8×30　　49,500 円（税込）
MONARCH M7 10×30　52,800 円（税込）

MONARCH HG　42 口径
『伝統だけが生み出せる高い品質と
　　品位。モナークシリーズの最高峰』

◎ED レンズを採用。広視界でありながら視野周辺までシャープな見え味。
◎高反射誘電体多層膜を採用し、最高透過率 92％以上で明るく自然な色再現。
◎マグネシウム合金の堅牢で軽量なボディーに高い防水・防曇構造。

MONARCH HG 8×42　126,500 円（税込）
MONARCH HG 10×42 132,000 円（税込）

MONARCH
フィールドスコープ 82ED-S
『明るく鮮やかな視界の大口径スコープ』

◎色収差補正システム「アドバンスト・アポクロマート」を搭載。
◎素早く快適にフォーカスできる「距離対応フォーカスシステム」。
◎窒素ガス充填による本格防水仕様。

フィールドスコープ 82ED-S 181,500 円（税込）
高性能 2 倍ズームワイド接眼レンズ
MEP-30-60W　　　　　　　66,000 円（税込）

※詳細や他の機種については、下記にお問い合わせください。

Nikon

株式会社 ニコンビジョン
株式会社 ニコン イメージング ジャパン

URL:http://www.nikon-image.com
ニコン カスタマーサポートセンター
ナビダイヤル 0570-02-8000

観察のチャンスを逃さないための双眼鏡のトラブルシューティング Q&A

ルリビタキ
ジョウビタキ
オジロビタキ

文・写真 ● 志賀 眞

Profile しが・まこと
よみうりカルチャーデジタル野鳥写真講座・講師を2005年9月から務める。
遅ればせながらミラーレス一眼のαを導入しました。大してダウンサイジング
できなかったけど，自分にとって新規開拓だけに楽しみです。

澄み切った冬の空気の中で見るジョウビタキやル
リビタキの羽色は，実に色鮮やかで美しいものだ。
観察のチャンスを逃さないよう，双眼鏡のコンディ
ションは万全にしてから臨みたい。

Q1 視界がやけに狭く感じるのは？

A 「アイポイント調整」をせずにのぞくと視界が狭く見え，像も安定しない。裸眼で
使う場合は見口を引き出す，メガネをかけている場合は見口を引き出さずに使う，
大半はそれだけで解決するはずだ。メガネ着用時に見口を引き出さない理由は，メガネの
レンズとフレームによって目と双眼鏡の接眼レンズの間に見口を引き出した分に相当する
「間」ができていることになるため，すでに（視界がいちばん広く見える）適正位置になっ
ているからだ。

双眼鏡を初めて使うときに失敗しがちなので，バードウォッチング未経験者を伴って鳥
見に行くときにはまず最初に教えてあげよう。また，昨今の双眼鏡は接眼レンズと目の距
離が離れていても全周が見られる「ロングアイレリーフ（ハイアイポイント）」が標準に
なっており，メガネをかけていてもケラレ（像の隅が黒く隠れたようになってしまうこと）
が起きにくく，広い視界で鳥を探すことができる。

アイポイント調整。裸眼のときは見口を
引き出す　写真 ● BIRDER

Q2 視界が欠けて，暗いムラが見えるけど？

A これは眼幅調整が適切でない場合によくあるケース。一応，鳥は見えてい
るので，ちゃんと合わせたつもり……になっているのだが，実は合っておら
ず双眼鏡を片目だけで見ている状態だ。眼幅の調整は両目でのぞきながら，ヒン
ジ部分を2つの円が1つに重なるところまで折り曲げていく。

Q3 ピントは合わせたはずのにすっきり見えないのはなぜ？

視度調整リングの
場所は機種によっ
て異なるので，事前
に確認しておこう

A 左右の視力に差がある人が視度調整をせずに双眼鏡をの
ぞくと，ピントは合っていてもシャープには見えないと
いったことが起こる。調整方法は最初に左目だけで双眼鏡をの
ぞき，ピントノブ（ピントリング）でピントを合わせる。次に，
今度は右目だけで双眼鏡をのぞいて，ピントノブには触れずに
視度調整リングのみを回してピントを合わせる。一度視度調整
をしてしまえば使うたびに合わせ直す必要はない。1台を家族
で共用する場合は自分の視度調整目盛の値を覚えておくといい。

Q④ 鳥がブレて見えるのはなぜ？

Ⓐ 双眼鏡の構えかたに問題があるのかもしれない。双眼鏡の鏡筒を両手でしっかり握り，脇をしめて肘の角度を60度くらいにして支えると，ブレにくく視界が安定して見やすくなる。ピントノブの位置は機種によって違うので，使いやすい指で操作するとよい（ほとんどの機種は人差し指か中指で回しやすい位置にピントノブが付いている）。

Q⑤ それでもすっきりと見えないときは？

Ⓐ "光軸ズレ"を疑ってみよう。双眼鏡にとって重要なヒンジ部分に負荷をかけてしまうと，重要な光軸が狂ってしまい鮮明に見えなくなる。多くの光学機器では，内部のレンズ同士はそれぞれのレンズの中心を光線がまっすぐに通る（これを光軸という）ように組まれているが，どれかが少しズレただけで光線が中心を通らなくなり，いくらピントが合っていてもズレた像にしか見えなくなるのだ。特にハイキングなどでザックに入れて持ち運ぶ場合，双眼鏡の上に重量物があると負荷がかかるので，いちばん上に収納するといい。

光軸ズレはメーカー修理となり，それなりの金額と修理時間がかかってしまうので注意したい。

握りかたと構えかたの例。ボディを両手でしっかり握り，脇をしめて肘の角度が60度くらいにして支えると安定して見やすい

Q⑥ 双眼鏡に湿気は禁物と聞いたが？

Ⓐ 乾燥した冬でも，使用後はほこりを払うなど，軽く手入れをしてからしまうことを心がけたい。また，付属品のキャップや専用ケースは移動時の緩衝材としての機能が目的であり，付けたまま・入れたままだと湿気がたまりカビが生える原因となるため，双眼鏡本体から外す，または分けて保管しよう。保管場所は湿気を含みやすいザックやバッグの中，同様に湿気をためやすいたんすや押入れ，湿気と油煙が多いキッチン周辺は避けるべきだが，頻繁に使う双眼鏡なら，綿ぼこりのたまらない引き出しなどに保管するだけで十分だ。長期間保管する場合は，カメラ機器の収納用として市販されている湿度管理ができる防湿庫が理想だが，小さな本棚程度の設置場所をとってしまうのが難点。1，2台の双眼鏡のみであれば，小型のプラスチック製の収納ケースなど，密閉できる容器に乾燥剤を入れて保管すれば安心だ。

ちなみに，ヒタキ類の観察ではあまりないが，海水の水しぶきに当たったり，潮風にさらした場合には，汚れを念入りに拭き取らないと金属パーツなどが腐食し，悲惨なことになるので要注意。

ジョウビタキ雌。双眼鏡のコンディションが良ければ，冬の透明な空気の中で羽毛の1つ1つまでが鮮明に見えるはず
写真◉♪鳥くん

Q⑦ レンズは使うたびにクリーナー液を使って拭くべき？

Ⓐ 神経質に手入れしすぎるほうが，実はレンズ（コーティング）を傷めやすい。ほこり程度ならブロアーで吹き飛ばすだけに留めたい。指紋や汗，食べ物などの油脂汚れが付いた場合には，ほこりをブロアーや柔らかい刷毛ではらってからレンズペーパーにクリーナー液を少量含ませ，中心から円を描く要領で拭き，むらを消しながら周辺までふき取る。クリーナー液がなければ，薄めた中性洗剤でもほとんどの汚れが落ちるが，洗剤成分が残らないよう，一度拭いた後に真水を少量含ませたレンズペーパーで取り除き，力を入れすぎないようにして乾拭きする。

昨今の双眼鏡では，対物レンズと接眼レンズに「撥水コーティング」が施されている機種（特に中級機以上）がある。これなら水を弾き，汚れも付きにくく，手入れも簡単だ。

岐阜県高山市の
ジョウビタキ繁殖地を訪ねて

Daurian Redstart

ジョウビタキの親子（手前が巣立ち雛）

国内で繁殖するジョウビタキは増加傾向にある。中でも繁殖密度が高いといわれている場所が，岐阜県高山市だ。

文・写真・動画 ● ♪鳥くん　協力 ● 渡辺雄一朗

Profile ♪・とりくん
2019年に，『♪鳥くんの 比べて識別！野鳥図鑑670（第3版）』（小社刊），『見たくなる！日本の野鳥420』（主婦の友社）が出版され，著者または監修した書籍が15冊になったのを機に，初心に立ち返り，今は"勉強の年"として，より精力的に鳥見に出かけている。終わりなき"バードレナリンライブ"を継続中のプロバードウォッチャー，山梨大学非常勤講師，元歌手。

二次元バーコードから
動画を
ご覧いただけます

電線の上でさえずる雄

　2019年に，高山市を含む岐阜県飛騨圏域内でジョウビタキが繁殖確認された場所は76か所とのこと。それらの多くが林に近い住宅街で，郵便ポスト，屋外換気口のフード，放置された段ボール，掘っ立て小屋のすき間や農機具といった人工物に営巣していたという。また，営巣場所は毎年変わるとのことである※。

　JR高山駅の東側は特に繁殖場所が多いエリアなのか，街なかを歩くと数か所でさえずりが聞こえてきた。どこも建物が密集していて道が狭く，こうした街の作りも繁殖と関係しているのかもしれない。ただ，

一帯は人通りが多い観光地であり，たくさんの人が生活している市街地でもあるだけに観察や撮影には適しておらず，リスニングだけに留めて，少し離れた古刹が並ぶ寺社地，宗猷寺町を探索してみることにした。取材初日は雨が降ったり止んだりの天気だったが，早朝にサンショウクイ，キビタキの鳴き声が聞こえたほか，ひと声だけだがオオコノハズクの声もキャッチできた。

　善応寺という寺の前で，電線に止まってさえずるジョウビタキ雄が目に止まる。遠目からしばらく観察していると，やがて近くにもう1羽雄

が現れた。さえずっていた雄は，すかさず飛び出して，寺の奥まで追い払い，何ごともなかったかのようにまた電線でさえずりはじめた。

　求愛中の雄がこれだけいるのだから，すでにカップルになったものや，子育て中のペアがいてもおかしくない。周りを見渡すと，すぐ近くの宗猷寺の横にある小さな畑に雄1羽，その隣の民家のアンテナに雌1羽が止まっている。畑にいた雄は，イモムシを捕らえると宗猷寺の石垣に入っていった。石垣のすき間からは「♪ジージー」と雛が鳴く声，ここに巣があるのだ。アンテナに止まっ

畑でクモを捕らえた雌親鳥

雄親鳥

ていた雌親もやがて畑に降り，ひたすら獲物を捕まえては巣に運んでいた。

　休憩がてら，すぐ近くの「Coffee千」に入り，モーニングを注文。建物の中にいてもジョウビタキのさえずりが聞こえてくる。午前9時ごろに店を出ると，ジョウビタキたちは急に大人しくなってしまったのか，声はパタリと止み，姿も見えなくなった。

　翌日は明け方から激しい雨が降り，雨が上がった午前8時ごろに宗獣寺を訪れると，昨日までは石垣の中にいた雛がすでに巣立っていた。確認できたのは3羽，雨だったからとはいえ，巣立ちの場面に立ち会えなかったのが悔やまれる。

　雛たちは寺の境内の木陰に潜んでいて，親鳥が獲物を捕らえると，そそくさと出てくる。親鳥のほうは早い者勝ちと言わんばかりに，すばやく与えてまた食物探しに出かけてしまうので，給餌シーンはなかなか撮らせてもらえない。ほどなくして畑に人がやってくると，親子ともども寺の裏手にある墓地の方向に飛び去ってしまい，それきり姿を見せなかった。ちなみに，この日も善応寺の前の電線では，昨日と同じ雄がさえずりを聞かせていた。

（取材日：2021年6月12〜13日）

※：いずれのデータも当地の野鳥の会会報『飛騨の野鳥（2019年11月号）』による。

民家の屋根に止まった巣立ち雛

木陰で親鳥を待つ巣立ち雛

繁殖地の近くではホオジロもよくさえずっていた

現地までの
アクセス
Access

JR高山駅から徒歩で20〜30分ほど。バス利用の場合，高山駅と隣接する高山濃飛バスセンターから，高山市コミュニティバス「のらマイカー（東線・左回り）」に乗車し，約10分，宗獣寺前下車。ただし，本数は少ない。

※現地を訪れる際は最新の情報をご確認ください。また繁殖地では，巣に近づいたり，巣の周りを大人数で取り囲んだりしないよう，観察・撮影マナーを厳守してください。

野鳥撮影にチャレンジしよう！
冬のヒタキ類撮影術

文・写真 ● 廣田純平
Profile ひろた・じゅんぺい
日本野鳥の会埼玉 Young 探鳥会担当。コロナ禍で探鳥会が開催できていませんが，オンライン探鳥会を不定期で開催中です！ くわしくは日本野鳥の会埼玉 HP，Facebook，Twitter，Instagram をご確認ください

ルリビタキ
ジョウビタキ
オジロビタキ

冬に見られる美しくてかわいい鳥，ジョウビタキ，ルリビタキ，オジロビタキ。よく見かける鳥でもある彼らを撮りたいと思う人は多いはずだ。魅力的に撮るにはどうしたらいいのだろう。

はじめに

　ジョウビタキ，ルリビタキ，オジロビタキは同じフィールドや同じエリアに一定期間いる傾向が高いため，個体ごとに行動を観察し，傾向を捉えて撮影に備えよう。一度なわばりを見つけたら，しばらく撮影のチャンスがあるので，天気，時間による光線の違いや，順光と逆光など，練習のつもりでいろいろ試せる鳥たちだ。野鳥撮影をしたことがない人もチャレンジしやすい鳥だろう。

　撮影に慣れてきたら，背景にもこだわってみたい。紅葉や秋冬に咲く花を取り入れれば，ぐっと美しい写真になるはずだし，人工物をあえて入れれば，人懐っこい彼らの魅力を表現することもできる。撮影スタイルは人それぞれだが，かがんで撮影したり，半歩，一歩分ずれるだけで背景は大きく変わるため，三脚撮影ではなく，小回りがきいて理想の背景を探りやすい手持ち撮影がおすすめだ。

　それぞれの個体のお気に入りスポットを見極めて，美しく，かわいく，素敵な写真を撮ってもらいたい。

ジョウビタキ
Daurian Redstart

撮影のコツ

　ジョウビタキを見つけたら，距離を取りながらしばらく様子を観察しよう。観察しているうちに，大まかななわばりの範囲などがわかるはずだ。さらに，よく止まる場所がどこかを観察しよう。いくつか候補があった場合，事前にレンズを向けてみて，被写体の周りがごちゃつくことなく，背景が抜けるような場所を見定めておく。ジョウビタキは開けた環境にいることが多いため，順光・逆光とさまざまなポジションで撮影がしやすい。また，比較的明るい環境にいることが多いため，撮影時に気にするような機能設定はあまりないが，順光で撮る場合は，冬晴れの日中は光が強いため，被写体が白飛びして露出オーバーにならないよう気をつけよう。特に雄の頭は銀色のため，白飛びしやすい。しっとりとした色味を出したい場合は，やや薄暗い環境，または薄曇りの日が狙い目だ。

雌をかわいく撮ってみよう

　雌がいると「なんだ雌かぁ〜」とカメラマンの残念そうな声を聞くことがある。だが，あえておすすめしたいのは雌の撮影だ。雄と違い全体的に灰褐色なぶん，クリクリの大きな瞳がより映えて愛らしい。また，雌のほうが雄よりじっくり撮らせてくれる印象がするため，背景やポージング，表情に凝った写真を撮りやすい。頭をかしげたり，リラックスしてフワフワの羽毛を膨らませて真ん丸になってくれたりと，かわいらしい写真を撮らせてくれるはずだ。

ニコン D500 ／ タムロン SP 150-600mm f5-6.3 Di VC USD
f6.3　1/140　ISO：320　撮影 ◎ 2018年2月　埼玉県

いつも同じエリアで見ることが多かったジョウビタキ雄。少し陽が傾む
きはじめた時間に行き、逆光を狙った。じっとしていたため、半歩ずれ
たり中腰になったりして、きれいな背景を狙った

ニコン D500
AF-S NIKKOR 500mm f5.6 E
PF ED VR
f5.6　1/160　ISO：400
撮影 ◎ 2020年2月　埼玉県

看板に止まってじっとこっち
を見てくれたジョウビタキ
雌。夕方だったため背景のヨ
シ原がオレンジ色になり、地
面とツートンカラーでジョウ
ビタキカラーになった

ルリビタキ

Red-flanked Bluetail

撮影のコツ

少し薄暗い林を好むことから，撮影の際は被写体ブレ・手ブレによる失敗が起きやすい。あらかじめISO感度を少し上げておくと失敗が減るはずだ。また，ISOオート機能や低速限界設定などを使えば，暗い場所や明るい場所に被写体が動き回っても，簡単に対応できるだろう。

ジョウビタキ同様，なわばりの中によく止まる場所がいくつかあるため，事前に見定めたうえでチャンスを狙おう。

ルリビタキといえば，名前の「瑠璃」が表すとおり美しい青色が魅力的で，カメラマンにとってあこがれの存在だ。美しい青を引き出すコツは，撮影時の光線の加減（白飛びしないような光線）が重要だが，こればかりは運もある。自分でできる工夫として，カメラのホワイトバランスも意識してみよう。一般的なカメラの昼光は5,500K前後だが，色温度を少し下げて5,000K前後で撮影すると青色がいっそう映えるはずだ。夕方の撮影の場合などは，もう少し下げてもいいかもしれない。もちろん，背景や周りに映る自然物が違和感ない範囲での設定を。

あこがれの青い鳥

青いルリビタキを探していて，見つけた個体が「雌タイプ」（若い雄または雌）の場合がある。その場所は，その冬は見つけた雌タイプの個体のなわばりが続くはずなので，成鳥雄のルリビタキを探したければ別の場所を探すほうがいい。だが，せっかく見つけた生息環境はきちんと覚えておこう。若い雄だった場合は，翌年の冬にきれいな青色になって帰ってくる可能性も大いにある。

ニコン D500 / AF-S NIKKOR 500mm f5.6 E PF ED VR
f5.6　1/80　ISO：320　撮影 ◎ 2021年1月　埼玉県

なわばりのエリアでしばらく待っていると現れたルリビタキ。夕方に近かったため，色温度を下げて青みを出すようにした。

ニコン D500 / AF-S NIKKOR 500mm f5.6 E PF ED VR
f5.6　1/124　ISO：320　撮影 ◎ 2021年1月　埼玉県

なわばりから少し離れた水場に現れたルリビタキ。水場はさまざまな
鳥が現れるためチェックしたい。少し薄暗い環境だったため、深みの
ある青色で写せた。

ニコン D500
タムロン SP 150-600mm f5-
6.3 Di VC USD
f6.3　1/640　ISO：320
撮影 ◎ 2018年1月　埼玉県

以前ルリビタキに出会ったエ
リアを歩いていたら、林の中か
らちょこんと飛び出して地面
に降りたルリビタキの雌タイ
プ（若い雄）。しゃがんで背景
の残雪を入れるように撮影

オジロビタキ

Taiga Flycatcher

撮影のコツ

オジロビタキは旅鳥または冬鳥であり，ジョウビタキ・ルリビタキと比べると出会うことが難しい鳥だ。「ジリリリ…」と独特の声で鳴き，どこかに止まっているときは，尾羽を高く上げて，広げて下ろす行動をくり返す。尾羽を高く上げる行動はオジロビタキらしさが出る瞬間なので，チャンスを逃さないようにしたい。また，尾羽を下げて広げたときは，名前のとおり尾羽の白が見えるのでこちらも収めたい。明るい環境にいることが多いが，薄暗い環境の場合は前述のルリビタキのような撮影設定で対応しよう。

越冬で飛来する個体は雌または第1回冬羽が多く，喉のオレンジが鮮やかな成鳥雄はあまり多くはない。成鳥雄でなければ，地味めな見た目ではあるが，ほかのヒタキ同様クリクリとした瞳やしぐさはとてもかわいいため，ぜひ愛らしい姿を見ていただきたい。

*日本産鳥類目録改訂第7版ではニシオジロビタキは検討種となっている。オジロビタキ・ニシオジロビタキについては，行動にほとんど差がないということから，ここではまとめて「オジロビタキ」として扱わせていただく。
*掲載した写真はニシオジロビタキと思われる。

草花に注目！

冬のヒタキが訪れる時期に見ごろを迎える草花もどこにあるかチェックもしておこう。花は咲いてから探しても，花の時期はすぐ終わってしまうので，早めに目星をつけておくのがおすすめだ。よく一緒に狙えるのはウメ，ロウバイのほか，早春から咲くナノハナ，春になればサクラなど。花だけでなく，紅葉がきれいな草木があればそれを入れる絵作りを心がけよう。

どこかに止まっているときの撮影はそんなに難しくない。そのぶん，鳥の顔・体の向き，表情，周りの草木，そして何より背景を意識して撮影して季節感のある写真を撮ってみよう。

ニコン D500 / タムロン SP
150-600mm f5-6.3 Di VC USD
f6.3 1/1000 ISO：320
撮影 ◎ 2018年11月 東京都

色づきはじめたイチョウの木の周辺によくいたため，イチョウの葉が写る位置に来るまでじっと待った

ニコン D500 / AF-S NIKKOR 500mm f5.6 E PF ED VR
f5.6　1/1250　ISO：320　撮影 ◎ 2020年2月　埼玉県

地面を見つめながら尾羽を上下させていた。何度も止まっていた枝だったため, そこに来るのを待ち, 照葉樹が背景に写りこむように撮影

ニコン D500 / AF-S NIKKOR 500mm f5.6 E PF ED VR
f5.6　1/1250　ISO：320　撮影 ◎ 2020年2月　埼玉県

こちらがビックリするほどすぐ近くの枝に止まったオジロビタキ。オジロビタキの定番ポーズ, 尾を高く上げる瞬間を狙った

秋ヒタキの図鑑

ここで紹介するヒタキ類は，ジョウビタキやルリビタキのような冬鳥と違って基本的に通過の渡り鳥だ。そのため，出会いのチャンスは決して多くはない。それだけに，狙って観察できればしめたもの，ヒタキらしい「シブかわいい」姿を探してみよう。

文 ● 梅垣佑介（ムギマキ以外）・高木慎介（ムギマキ）
写真 ● 梅垣佑介（U），先崎啓究（Sh），先崎理之（Sm），
　　　高木慎介（T），原 星一（H）

第1回夏羽
5月 石川県
（T）
雌雄同色。上面は暗灰褐色。エゾビタキ同様，初列風切が長い。3種の中で最も頭でっかちに見える

サメビタキ

Muscicapa sibirica

Dark-sided Flycatcher

【全長】13～14cm
【分布】シベリア中部，モンゴル以東の極東地域と，ヒマラヤ地方から中国中部で繁殖。国内へは夏鳥として中部地方以北に渡来するほか，渡り時期には都市公園でも見られる。越冬は中国南東部から東南アジアにかけて。4亜種あり，日本で繁殖するのはシベリア中部以東に広く分布する基亜種 sibirica。
【生態など】
• 本州以北の1,400～2,400mの山地や亜高山帯の針葉樹林で繁殖。北海道ではより低標高地でも見られる。コケ類や草葉，動物の毛やクモの巣を使い，お碗状の巣を作る。
• 渡り時期は単独でいることが多い。
• 枝に止まり，飛んでいる昆虫などをフライングキャッチで捕えるほか，ミズキなどの実も食べる。

第1回夏羽　5月 石川県 （T）
若い個体では体下面がまだら状になることがあるが，エゾビタキほど明瞭な縦斑にはならない。下尾筒の軸斑が暗褐色なのが本種の特徴

第1回夏羽　5月 石川県 （Sh）
渡り途中の個体は，潮だまりや藻屑に集まるカやハエを狙って，海岸の岩場にいることもある

• 気温が上がり，昆虫の活動が活発になる昼過ぎ～夕方にかけて，採食で活発に活動することが多い。
【観察のポイント】
• コサメビタキより少し遅れて渡来し，本州での渡り時期は春は5月初～下旬，秋は10月初～中旬。数は少ないので見られるとラッキーだ。

54

コサメビタキ

Muscicapa dauurica
Asian Brown Flycatcher

【全長】12〜14cm

【分布】シベリア中部，モンゴル以東の極東地域で繁殖。国内へは夏鳥として全国に渡来し，渡りの時期には都市公園でも見られる。インド亜大陸や東南アジアで越冬する。インド亜大陸と東南アジアの一部でも局地的に繁殖し，後者は独立種とされることがある。6亜種あり，日本で繁殖するのはシベリア中部以東に広く分布する基亜種 *dauurica*。

【生態など】

- 1,800m 以下の山地の明るい広葉樹林で繁殖する。コケ類や草葉，クモの巣などを用いてお碗状の巣を作る。
- 高くか細い複雑な声でさえずる。他種の声の真似もよくする。
- 春秋の渡り時期には都市公園などの低地林でも普通に見られ，1羽から数羽で行動する。
- 枝に止まり，飛んでいる昆虫などをフライングキャッチで捕食する。

【観察のポイント】

- くりっとした大きな眼と，頭でっかちの体形はサメビタキ属の中でも随一のかわいらしさ。本州での渡り時期は春だと4月中旬〜5月中旬，秋は8月下旬〜10月中旬。

第1回夏羽？　5月 石川県 (T)
雌雄同色。上面は灰褐色で，眼先の白色部が目立つ。初列風切がエゾビタキやサメビタキと比べて短い

9月 大阪府 (U)
顎線（がくせん）は不明瞭。体下面は淡灰褐色で，白っぽく見える。下尾筒は白い

成鳥と巣内雛　7月 長野県 (H)
コケやクモの巣などで作られた巣は樹のこぶのようにうまくカモフラージュされる

幼鳥　8月 北海道 (Sh)
上面に大きな淡色斑があるのが幼羽の特徴

第1回冬羽　9月 石川県 (T)
肩や背, 腰, 上尾筒で白斑の見える羽毛は幼羽。
本種は初列風切が長い

10月 愛知県 (T)
雌雄同色。体下面に灰褐色の明瞭な縦斑がある
のが本種の特徴。下尾筒は白い

群れ　9月 石川県 (T)
渡りの時期には数羽で見られることが多い。写真はすべて第1回冬羽と思われる

10月 沖縄県 (Sh)
秋の渡り時期には, 枝先の目立つところに止まり, 獲物を探す様子が見られる

エゾビタキ

Muscicapa griseisticta

Grey-spotted Flycatcher

【全長】12.5〜14cm
【分布】ロシア南東部と中国北東部, カムチャツカ半島,
サハリン, 千島列島という, 極東のごく限られた範囲で
繁殖する。越冬は台湾やフィリピン, ボルネオ島以東の
東南アジア島嶼部。国内へは旅鳥として渡来。秋には全
国的に数多く通過し, 都市公園でも見られる。春は少数
が主に東シナ海や日本海沿岸を通過する。亜種はない。
【生態など】
• 林縁や明るい林に生息する。渡り時期には数羽の群れ
　で見られることが多い。
• 枝先に止まり, 昆虫などをフライングキャッチで捕食
　するほか, ミズキなどの実も食べる。サメビタキやコ
　サメビタキよりも大形のためか, 赤トンボを捕まえるこ
　とも多い。
• 垂直に近い姿勢で止まる。尾が短い, 寸胴な体形に見
　える。
• 気温が上がり, 昆虫の活動が活発になる昼過ぎ〜夕方
　にかけて, 採食で活発に活動することが多い。
【観察のポイント】
• 旅鳥の代表格で, 秋には樹木のある公園で見られる。
　フライングキャッチをする鳥影や, 昆虫を捕まえるとき
　の「パチッ」という嘴の音や「ツィッ」というか細い声
　を頼りに探してみよう。9月中旬から10月中旬に多い。

雄第1回夏羽　5月 石川県舳倉島 (T)
上面は黒く, 白い眉斑と雨覆の白斑が目立つ。腮 (さい) から腹の橙色が美しい。中央を除く尾羽の基部に白斑がある。この個体は風切が褐色の幼羽。上面の黒色部も灰色味がある

雄第1回冬羽　10月 北海道 (Sm)
体上面はオリーブ褐色で, 眉斑が不明瞭。腮から腹の橙色も淡い。一見雌に似るが, 外側尾羽の基部が白い点が異なる。春でもこのような羽衣の個体を見ることがある

雌第1回夏羽　5月 石川県舳倉島 (T)
額から尾の上面はオリーブ褐色で, 眉斑はないか, 不明瞭。腮から腹は淡橙褐色。尾に白色部はない

ムギマキ

Ficedula mugimaki

Mugimaki Flycatcher

【全長】12.5〜13.5cm

【分布】アルタイ北東部からハバロフスク地方南部, 沿海地方にかけてのシベリア南東部, サハリン, 中国北東部で繁殖し, 冬は中国南部, インドシナ半島, マレー半島, スマトラ, ジャワ, ボルネオ, フィリピンに渡る。日本では旅鳥として全国を春と秋に通過するが, 数は多くない。九州などでは越冬することもある。

【生態など】

- 平地から山地の林に渡来する。
- 主に昆虫を捕食するが, 秋の渡りの時期はマユミ, ミズキ, カラスザンショウなどの木の実を採食することが多い。
- 「ビフィビフィビフィ」という前奏の後に「ピーチーチュリリピーチュリリ」などと早口にさえずる。地鳴きは「ヒッ」「ティッ」「ティリリ」など。

【観察のポイント】

- 春の渡りの時期は日本海側の離島で多い。特に東日本の離島で多く, 5月中下旬の天売島では群れで見られることも稀ではない。一方, 秋の渡りは中部地方で9月下旬〜11月上旬ごろ。木の実につくことが多い。九州ではカラスザンショウにかなり依存しており, 実の減りが遅い年は越冬することもある。

「大形ツグミ類」「小形ツグミ類」「ヒタキ類」の微妙な関係

「小形ツグミ」はどこへ？行った！

ルリビタキは「小形ツグミ類」で，ツグミ科？ヒタキ科？ ややこしいこの話題をできるだけわかりやすく解説！

文・写真 ● 平岡 考

Profile ひらおか・たかし
山階鳥類研究所広報コミュニケーション・ディレクター／自然誌研究室専門員。日本鳥学会目録編集委員。日本鳥類目録改訂第7版に引き続いて，第8版の改訂に参加している。分類や記録の新知見に触れられるのはわくわくする体験だが，限られた人数の委員での改訂作業はなかなかの重労働だ。将来に向けて若い力の参加を熱望している。

○○ヒタキの正体は？

ある程度古いバーダーなら，観察会でこんな説明を聞いたことがあるかもしれない。「『○○ヒタキ』と名のつく鳥には，『小形ツグミ類』のヒタキと，『ヒタキ類』のヒタキがいるんです」と。

2012年に「日本鳥類目録 改訂第7版（日本鳥学会）」で新しい分類が採用されるまで，長いことツグミやアカハラ，クロツグミといった鳥は「大形ツグミ類」，ジョウビタキやルリビタキ，ノビタキといった鳥は「小形ツグミ類」と呼ばれており，それらは一つのグループとしてツグミ科（あるいはヒタキ科ツグミ亜科）にまとめられていた（図1）。いずれも足がすらりと長い，腰高に見える鳥たちだ。

それに対して，コサメビタキ，キビタキ，オオルリといった仲間は，ヒタキ科（あるいはヒタキ科ヒタキ亜科）という分類だった。足が短くて，枝に止まっているとしばしば腹が枝に接して見える仲間だ。ここでは，「狭義のヒタキ類」と呼ぶことにするが，この仲間は，木の枝などから飛び立っては飛んでいる虫を捕まえて食べるので，英語で「フライキャッチャー（flycatcher）」と呼ばれる（図2）。本書のタイトルになっている3種の中で

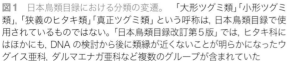

	アカハラ	ルリビタキ	キビタキ
通称	「大形ツグミ類」	「小形ツグミ類」	「狭義のヒタキ類」
一般的な英名	thrush	robin, chat	flycatcher
目録第5版（1975）	ツグミ亜科		ヒタキ亜科
	ヒタキ科		ヒタキ科
目録第6版（2000）	ツグミ科		ヒタキ科
目録第7版（2012）	「真正ツグミ類」	「小形ツグミ類」＋「狭義のヒタキ類」	
	ヒタキ科	ヒタキ科	

図1 日本鳥類目録における分類の変遷。「大形ツグミ類」「小形ツグミ類」，「狭義のヒタキ類」「真正ツグミ類」という呼称は，日本鳥類目録で使用されているものではない。「日本鳥類目録改訂第5版」では，ヒタキ科にはほかにも，DNAの検討から後に類縁が近くないことが明らかになったウグイス亜科，ダルマエナガ亜科など複数のグループが含まれていた

コサメビタキ

図2 「狭義のヒタキ類」の形態と行動。狭義のヒタキ類は，枝から飛び立っては飛んでいる小昆虫を捕食し，またもとの枝に戻ることをくり返す。足は短く，腹が枝に接するほど近い。嘴は横から見ると細く尖って見えるが，左右に幅広く，また髭が発達している。これは飛翔しながら昆虫を捕食するための適応とされる（イラスト：平岡 考）

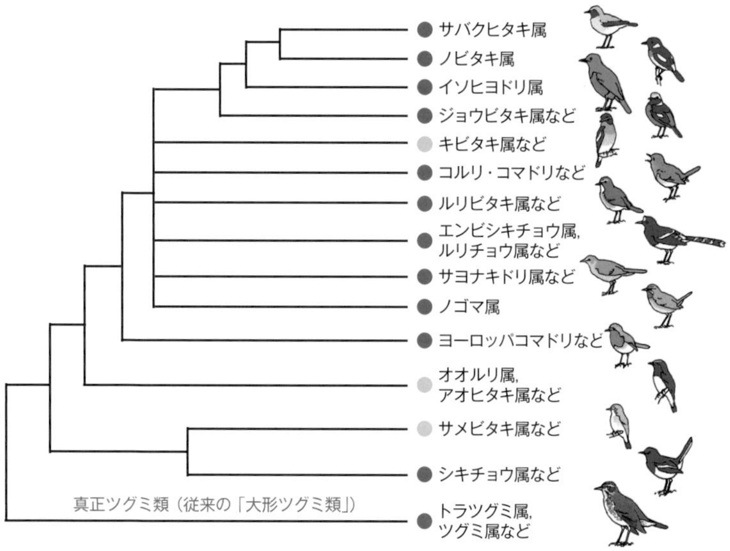

図3 ヒタキ科の分子系統樹。時間は左から右向きに進んでいて，DNA から推定された，それぞれのグループが分岐してきた様子が描かれている。右端の任意の2つのグループ同士は，系統樹を一筆書きでなぞって左右方向の距離が短いほうが近縁。例えば，ノビタキ属からサバクヒタキ属とイソヒヨドリ属では，サバクヒタキ属のほうが左右方向の距離が短い経路でたどり着くので，ノビタキ属はイソヒヨドリ属よりサバクヒタキ属のほうに近縁だとわかる。●と●はそれぞれ，「日本鳥類目録第5版」の考え方ではツグミ亜科とヒタキ亜科に分類されてきたグループであることを示す（図4の書籍に収録された，Alström, P. 2015. Chat systematics–shaking the tree. Pp. 30–37. の図2より描く。イラスト：平岡 考）

●サバクヒタキ属
●ノビタキ属
●イソヒヨドリ属
●ジョウビタキ属など
●キビタキ属など
●コルリ・コマドリなど
●ルリビタキ属など
●エンビシキチョウ属，ルリチョウ属など
●サヨナキドリ属など
●ノゴマ属
●ヨーロッパコマドリなど
●オオルリ属，アオヒタキ属など
●サメビタキ属など
●シキチョウ属など
●トラツグミ属，ツグミ属など

真正ツグミ類（従来の「大形ツグミ類」）

は，オジロビタキだけがこの「狭義のヒタキ類」に含まれる。

冒頭の解説は，まさに従来の分類を踏まえて，「小形ツグミ類」にもジョウビタキ，ルリビタキ，ノビタキのような「○○ヒタキ」と呼ばれる鳥がいて，それとは類縁が異なると考えられていた「狭義のヒタキ類」にもコサメビタキ，エゾビタキ，キビタキのような「○○ヒタキ」と呼ばれる鳥がいることを説明したものだったのだ。

その後，2012年の鳥類目録改訂で，「大形ツグミ類」「小形ツグミ類」「狭義のヒタキ類」が全部まとめてヒタキ科にまとめられることになったわけだが，その中でこの3つのグループの関係はどうなったのだろう？

見た目では判断できない

図3は，近年のDNAを用いた研究の成果である。いちばん左に全体の共通祖先が想定され，そこから順次分化した様子が描かれている。最初に「大形ツグミ類」が分岐したあと，その残りが「小形ツグミ類」と「狭義のヒタキ類」になってきたことがわかる。細かく見ていくと，その中で「狭義のヒタキ類」として従来近縁と思われていたキビタキ，オオルリ，サメビタキはひと

まとまりのグループになっていない，やや遠縁の関係ということがわかる。以前の分類に親しんできた人間にとってはびっくりするしかない話だが，キビタキは，オオルリよりも，コルリやコマドリに近縁だというのだ。

このように，「小形ツグミ類」と「狭義のヒタキ類」は，縁が近いのを通り越して，2つのグループにきれいに分けられないことがわかった。従来「狭義のヒタキ類」がひとまとまりのグループである証拠とされてきた，飛んでいる虫を空中で捕まえて食べる習性と，その習性に合った短い足，幅広の嘴（図2）といった特徴は，進化の道筋の中で別々に何度も出てきたものと考えるしかなくなってしまった。類縁が離れているのによく似た特徴が進化する，いわゆる「収斂」と呼ぶ現象ということになる。

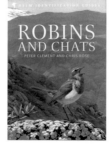

図4 2015年に発行された，従来の「小形ツグミ類」を扱ったモノグラフ（Clement, P. & Rose, C. 2015. Robins and chats. Christopher Helm, London.）。

ふさわしい呼称は何？

この研究成果を反映した現在の分類は，図1の最下段のとおりで，「大形ツグミ類」「小形ツグミ類」という呼称は現代の系統学の成果からすると，ぴったりしないことになった。「大形ツグミ類」がもともと「ツグミ」（英語でthrush）と呼ぶ複数種が含まれる，いわば「真正ツグミ類」だが，「小形ツグミ類」と直近のグループを作らないことがわかった以上，「大形」という修飾語は不要になりそうだ。そして，「小形ツグミ類」と「狭義のヒタキ類」を分けるのも，DNA分析の結果からはおかしいことになってしまった。

しかし，「小形ツグミ類」と「狭義のヒタキ類」については，野外観察の便を考えると，類縁関係はさておき，外見も習性も異なる2つのグループとして考えるのは便利な一面があるだろう。実際にイギリスでは，新しい分類がすでに広く認知されていた2015年に，従来の「小形ツグミ類」を取り上げたモノグラフが出版されている（図4）。日本においての問題は，従来の「小形ツグミ類」という名前を使い続けるのが適当かどうかだろう。なかなかぴったりな代案が思いつかないのは事実なのだが……。

ニシオジロビタキと
オジロビタキの識別を考える

ルリビタキ
ジョウビタキ
オジロビタキ

文 ● 梅垣祐介

ニシオジロビタキと
オジロビタキの識別

両種の形態的特徴はよく調査され、識別法は確立されているといえる［表］。これらは種々の図鑑にも書かれている内容で、おおむね正確と考えられるが、野外ではいくつかの点に注意したい。特に重要な識別点である最長上尾筒の色と下嘴の色、声は、観察条件によって正確な判断が難しいことがある。例えばニシオジロの最長上尾筒が黒く見えたり、下嘴が基部付近まで黒っぽく見えたりすることはしばしばあり、声が速いトリル（震えるような声）に聞こえることもある。1つの識別点だけでなく、複数の識別点から総合的に判断することが必要だ。

表 ニシオジロビタキとオジロビタキの識別点
参考：Van Duivendijk, N (2011) Advanced Bird ID Handbook: The Western Palearctic.

	ニシオジロビタキ Ficedula parva	オジロビタキ Ficedula albicilla
嘴	下嘴が基部側が肉色、先端が黒い。オジロビタキほど頑丈に見えない。下嘴がほぼすべて黒い個体もいる	上下嘴とも黒い。太く頑丈に見える。下嘴の基部がわずかに肉色の個体もいる
上尾筒	最長上尾筒は暗褐色。黒い個体もいる	漆黒色（jet black）で、普通、中央尾羽よりも黒い。中央尾羽と同程度の個体もいる（春の摩耗した個体は特に注意）
雄成鳥の喉・胸	喉に赤橙色のパッチがあり、胸までおよぶのが普通。胸の中央に灰色部がない	喉の赤橙色パッチは小さく、上胸までしか至らない。パッチ下側に灰色の胸帯がある。胸帯の下側に赤橙色斑がある個体が稀にいる
第1回冬羽・雌成鳥の体下面	胸・脇は一様に暖かみのあるバフ色。喉はやや淡く、淡バフ色。雌成鳥は春に白っぽくなる	胸・上腹はバフ色味が乏しく、灰色か灰褐色。喉は白く抜けたように見え、ルリビタキ雌タイプを思わせる
第1回冬羽の大雨覆・三列風切羽先	スポット状にバフ色。羽縁の模様は細い	羽縁の模様は白っぽく、太い。第1回夏羽になっても羽縁が残ることが多い
第1回夏羽	大多数の雄が成鳥羽を獲得するのは第2回冬羽のため、ほとんどの個体は雌雄判別不可能	雄第1回夏羽の頭の模様は雄成鳥に似て喉はすでに赤橙色のため、雌雄判別が容易。成鳥と比べ、幼羽が残る外側大雨覆に淡色の羽縁が残り、初列風切は摩耗・褪色し褐色味がある
声	一度に5音程度からなる「ジリリリリ」または「ビティティティ」という声で、音を数えられる。ただし個体や状態により声の速さは変わり、判断が難しいことがある。ムジセッカに似た「チャッ」という声も出す	ニシオジロビタキに似るが、テンポが2倍程度速い。「drrrr」と聞こえ、人の耳では音を数えることができない。10音程度からなる
日本への渡来状況	数少ないが定期的な冬鳥として本州以南に渡来。春秋には日本各地を通過。人を恐れない個体が多い	数少ないが定期的な旅鳥として、春秋に主に日本海・東シナ海沿岸を通過。冬季の記録は極めて稀。落ち着きなく飛び回り、近距離で観察できない個体が多い

1 ニシオジロビタキ雄成鳥冬羽
（第2回冬羽以降）　2月 愛知県
撮影 ● 高木慎介
赤橙色の喉となるタイミングがオジロより遅く、冬に見かけるこういった個体は第2回冬羽以降。夏羽と冬羽でほとんど違いはない

2 オジロビタキ雄成鳥夏羽
（第2回夏羽以降）　5月 石川県
撮影 ● 高木慎介
写真1と下嘴の色や喉の下の灰色部を比較。冬羽では喉が白っぽくなる点もニシオジロと異なる。写真ではわかりづらいが、最長上尾筒は尾より黒い漆黒色

3 オジロビタキ雄第1回夏羽
5月 北海道　撮影 ● 先崎理之
本種の雄は第1回夏羽で赤橙色の喉となるため、頭の模様は成鳥（写真2）とほぼ変わらない。外側大雨覆の羽縁が淡色で、風切が摩耗し褐色味があることから第1回夏羽

ニシオジロの歴史
～日本初の観察例～

ニシオジロの日本初の観察・識別例は1996年11月16日, 大阪市中心部に位置する大阪城公園で見つかった性不明・第1回冬羽である。オジロと異なる特徴があったことからヨーロッパの観察者らに同定依頼し, そろって「ニシオジロである」とする返答が得られた。それ以降, 日本の図鑑でもニシオジロが紹介されるようになる。学術雑誌に初めて発表されたのは日本鳥学会誌63巻に掲載された今村(2014)の記録だ。

余談だが, オジロの日本初記録は1966年9月29日, 山口県豊浦郡豊北町角島尾山で性不明・第1回冬羽が採集された事例で, 標本が山階鳥類研究所に保管されている。これ以降, 大阪市で記録されるまでの約30年間, 国内で出現したオジロ・ニシオジロはすべて「オジロビタキ」と同定されていたことになる。

ニシオジロの"疑惑"

大阪市の個体についてヨーロッパからの同定結果が一致し, これで晴れて日本初記録, めでたしめでたし――となるはずだったが, そうはいかなかった。何しろウラル山脈の西側に分布するニシオジロビタキは[図], 日本人にまったくなじみがなかった鳥だ。「そんな遠くに分布する鳥が日本に来るはずがない」という議論が展開された。加えてヨーロッパのある大御所が「ニシオジロが日本に飛来するメカニズムの明確な仮説はない」と発言したことも追い打ちをかけた。こうして日本に飛来するニシオジロの特

4 ニシオジロビタキ雄成鳥冬羽
（第2回冬羽以降）
2月 徳島県　撮影 ◉ 梅垣佑介
この写真のように最長上尾筒が中央尾羽より黒く見えない点が本種の識別点だが, 個体や見えかたによって変わるため注意（写真5参照）

徴をもつ個体には疑惑の目が向けられるようになったのである。その結果, 「極東にはニシオジロに似た未知の個体群が分布しているのではないか」という「極東個体群仮説」まで飛び出した。

5 ニシオジロビタキ性不明・第1回冬羽　**1月 鹿児島県　撮影 ◉ 高木慎介**
上尾筒が黒っぽく見える個体。このような個体では表の特徴を総合的に判断したい。見る角度によって難しいが, オジロのように中央尾羽より明瞭に黒い漆黒色の上尾筒をもつことはまずない

6 ニシオジロビタキ性不明・第1回冬羽
2月 愛知県　撮影 ◉ 先﨑啓究
黒褐色の上尾筒をもつ典型的な第1回冬羽。三列風切・大雨覆のパフ色のスポットの大きさは個体差があり, この個体では大きく明瞭

7 ニシオジロビタキ性不明・第1回夏羽
5月 北海道　撮影 ◉ 先﨑理之
春には体下面のパフ色味が乏しくなるが, この個体は特に喉においてまだ明瞭で, 喉が白っぽいオジロとは異なる。写真からはわかりづらいが上尾筒は暗褐色

8 ニシオジロビタキ雌成鳥（第2回冬羽以降）
12月 奈良県　撮影 ◉ 梅垣佑介
最長上尾筒と喉, 下嘴の色など, 典型的なニシオジロの特徴を示す。大雨覆と三列風切の羽縁がスポット状でないため成鳥, この時点で喉に赤橙色パッチがないため雌と思われる

ニシオジロの疑惑を払拭する

一時は疑惑の目が向けられたニシオジロだが，現在では以下の理由から，日本に定期的に飛来していると考えられるようになった。

❶ニシオジロの本来の分布域であるヨーロッパなどで観察される個体と，日本で観察される個体の形態的特徴が同一であると判断できた。これには，国内外の図鑑の質の向上に加え，アマチュアバーダーでもインターネットで世界中の情報にアクセスできる時代になったことも影響しているだろう。

❷ニシオジロと同様の特徴をもち，かつ極東に分布するオジロの「極東個体群」が見つからない。

❸迷行しやすさの指標は分布域の近さではなく，渡る距離の長さや渡り性（［渡る距離］÷［繁殖地から日本までの距離］）に左右されることが明らかになり，もともと長距離の渡りをするニシオジロの日本への迷行について説明できるようになった。モリムシクイやマキバタヒバリの記録が増える今，「遠くの鳥が日本に来るはずがない」というのは過去の言説だ。長距離を渡る鳥ほど迷いやすいのである。

❹「ニシオジロが日本に飛来するメカニズムの明確な仮説はない」という発言の趣旨が誤解された可能性がある。これは筆者の推測だが，おそらく「ニシオジロが日本に来るはずがない」という意味ではなく，単純に飛来のメカニズムがまだわかっていない，という意図の発言ではないだろうか。西ヨーロッパではシベリア産鳥類が迷鳥として多く記録されるが，それらの飛来メカニズムについて観察や標識調査，実験に基づく検討がなされている（例えば，カラフトムシクイなど一部の鳥では通常とは逆方向に渡るreverse migrationが西ヨーロッパでの出現理由と言われる）。しかし，日本におけるヨーロッパ産鳥類の迷行メカニズムはまだ検討されていない——そう言いたかったのではないだろうか。ちなみにこれは，日本で記録のあるモリムシクイやムナフヒタキ，マダラヒタキ，マキバタヒバリなどすべての迷鳥に関していえることである。

これらの理由から，日本の図鑑（真木・大西・五百澤（2014）日本の野鳥650）や小誌2011年6月号では，ニシオジロは数は少ないながら冬季に定期的に飛来すると認識されるようになった。

図 両種の分布域。
オジロ（繁殖地：橙■，通過地：黄　，越冬地：青■）。
ニシオジロ（繁殖地：桃■，通過地：ベージュ■，越冬地：空
［北西アフリカの越冬状況は不明］）。
両種はウラル山脈付近（赤斜線）で分布が重なるが，
交雑は限定的とされる。
日本では主に本州以南でニシオジロが越冬し，
渡り期に全国を通過する。
オジロは渡り期に日本海側を通過する

ニシオジロの未来

　ここまで読んで, あれ? と思った(鋭い)読者がいるかもしれない。そう, 実は冬に日本に飛来しているのが本当にニシオジロなのか, まだ誰もちゃんと確かめていないのだ。

　ちゃんと確かめる, つまり日本に飛来しているニシオジロの形態的特徴をもつ鳥が本当にニシオジロだというには, 日本に飛来している個体のDNAの塩基配列を調べる必要がある(両種は遺伝子配列に違いがある)。または, 本当にウラル山脈以西から飛来していることが標識調査などから明らかになれば, それも大きな根拠になるだろう。それまではいちバーダーとして, まず間違いなくニシオジロだろうと思いつつ, 本当にヨーロッパのニシオジロと違いはないか, 特徴を吟味しながら観察したいものだ。

9 オジロビタキ雄第1回夏羽　5月 北海道　撮影 ◉ 先崎理之
写真3と同一個体。本種の雄では胸帯の下側に赤橙色斑がある個体が稀にいるが, それでも喉の赤橙色部とは灰色の胸帯で分かれている点に注目

10 オジロビタキ雌第1回夏羽　5月 北海道　撮影 ◉ 先崎理之
本種の雌や第1回冬羽の喉は側胸より白っぽく, ルリビタキ雌タイプのように見えることがある。上尾筒, 下嘴の色にも注目。嘴は基部が太く頑丈に見える

11 オジロビタキ雌・齢不明　5月 北海道　撮影 ◉ 先崎理之
赤橙色の喉パッチの獲得に2年かかるニシオジロと異なり, 本種の雄は第1回夏羽で獲得する。そのため, 本種の場合, 春の時点で喉が赤橙色でなければ雌と推定される

姿も羽も楽しもう！
冬ヒタキ3種の羽観察ガイド

ルリビタキ
ジョウビタキ
オジロビタキ

冬は小さな公園でもかわいいヒタキに簡単に出会えるいい季節だ。一方で猛禽類も多く，襲われて羽が散らばっていることもある。本稿ではジョウビタキとルリビタキの鮮やかな羽，オジロビタキの尾羽の模様などを紹介したい。

文・写真 ● 新谷亮太

Profile しんや・りょうた
中学生のころから集めていた羽を標本にし「featherbase」に登録している。現在は「日本で記録のある鳥」をテーマに羽を集めている。

「紋付き鳥」の紋付はどこ？──ジョウビタキ

標本（図1）からわかる通り，翼の大部分は白黒で構成されており，初列風切は暗色で地味である。次列風切の外弁から白色部が現れ，内側の三列風切に向かい，徐々に大きくなっていく。この白色部の翼帯が，ジョウビタキの特徴である「紋付」を形成する。この翼帯は雄が白色で，雌がクリーム色となる。雄の体羽や尾羽，下雨覆に橙色が現れるが，雌の橙色は尾羽のみである。

ジョウビタキの仲間である

図1　雄成鳥

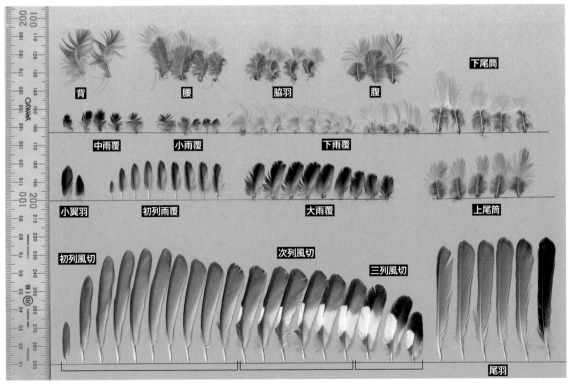

背　腰　脇羽　腹　下尾筒
中雨覆　小雨覆　下雨覆
小翼羽　初列雨覆　大雨覆　上尾筒
初列風切　次列風切　三列風切
尾羽

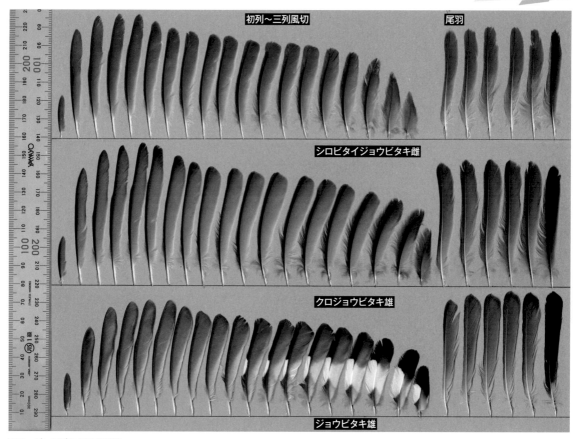

図2 ジョウビタキ類の比較

Phoenicurus 属は，日本で5種記録がある。しかし翼に大きな白斑があるのはジョウビタキのみだ。図2で比較した3種のうち，シロビタイジョウビタキとクロジョウビタキは風切に白斑が入らず，全体に地味である。両種とも一部に白斑が入る亜種もいるが，ジョウビタキのように白斑はつながらず，外弁のみ白色部が入る。尾羽に種間で差は特にない。

羽を拾うには

羽はジョウビタキがいる環境，冬の里山などでよく拾える。無地の初列風切の識別は難しいが，次列風切や尾羽を拾えれば，識別は難しくない。ただし，離島や繁殖地で拾った場合，コマドリの尾羽が似ているので注意が必要だ。比べるとコマドリのほうが短く，橙色が鈍い傾向がある。

また，橙色の体羽を拾うと本種だと思ってしまいがちだが，例えば冬の都市公園などではアカハラやイソヒヨドリやモズなど，橙色の体羽をもつ鳥は多く生息しているため，注意が必要である。

青い羽は案外少ない ──ルリビタキ

何といっても雄の真っ青な羽が特徴だ。しかしそれ以外の特徴は少なく，しかも羽単体で見るとその青色部は案外少ない。体全体は真っ青でも，羽単体では外弁などの静止時に見える最低限の範囲のみ青色となっ

ている。雌や幼鳥では，風切や雨覆は茶色く地味な印象となるが（図3），脇羽は橙色で，尾羽は青く特徴が出ている（図4）。

図5のように雄成鳥の羽は鮮やかだ。まず風切は外弁のみ青色で，次

列風切ではよく目立つが，初列風切ではあまり目立たない。雨覆も外弁が青くよく目立つ。さらに体羽は背中側が青く，脇羽は橙色で鮮やかである。

羽を拾うには

繁殖地や越冬地などで一年を通して拾う機会が多いが、特に冬の里山などで外敵に襲われ、羽が散乱しているシーンをよく目にする。雄の青い羽なら比較的識別に迷うことはな

いが、冬の公園などでは同じく青い羽をもつイソヒヨドリとカワセミには注意したい。

夏山の場合はオオルリやコルリとの識別に注意が必要だが、大きさや印象が異なるため、例えば『原寸大写真図鑑 羽 増補改訂版』(小社刊)

などの羽図鑑で見比べると簡単に識別できる。雌や幼鳥の場合、青い尾羽や橙色の脇羽といった特徴が出ている羽を拾えれば識別は可能だが、それ以外の羽での識別はかなり難しい。

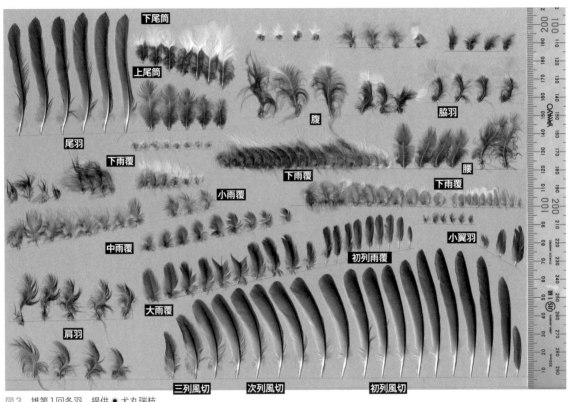

図3　雄第1回冬羽　提供 ● 犬丸瑞枝

図4　雄第1回冬羽の尾羽（図3と同一個体）　提供 ● 犬丸瑞枝

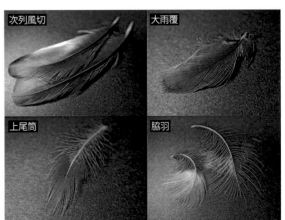

図5　雄成鳥の鮮やかな羽　提供 ● 野中 優

数も少なく，識別も難易度高し ──オジロビタキ

都市部でも少数が越冬するオジロビタキとニシオジロビタキ，和名の由来になっている"尾白"はT3〜T6に入るのが一般的であり，本種の最大の特徴ともいえる。しかし，それ以外の風切や雨覆はシックな色合いのため特徴がない。雄成鳥であれば，喉に生えている数mmの小さな羽が重なることで喉の橙色が際立つ。

羽を拾うには

日本に飛来する個体数が少ないということもあり，本種の羽を拾う機会はまずないだろう。加えて全体的に特徴のない羽であるため，羽単位での識別は難しく，例え拾えたとしても本種とわからないかもしれない。筆者の印象では，①風切の色合いはコサメビタキに類似し，②雨覆の羽縁が茶色，という2点と拾った時期などを考慮し，本種だと推測はできそうだと感じたがやはり難しい。ちなみに雄成鳥の喉の橙色は数mmの小さな羽のため，野外で見つけるのは至難の業だ。

白斑が入る尾羽を拾えれば本種の識別は比較的容易だが，サバクヒタキ類やムギマキ，マミジロノビタキ等の尾羽も似たように白色部が入るため，「featherbase」などのホームページ※で比較しながらの識別をオススメする。また類似種のニシオジロビタキは上尾筒の色に差はあるが，それ以外はほぼ一緒である。羽単体で両種を決定的に識別するのは不可能と思われる。

最後に

この冬は少し地面に目を向けてみてはどうだろうか。本稿ではヒタキ類の羽に焦点を当てたが，冬はさまざまな種類の羽に出会える季節だ。落ちている羽から生息を確認したり，襲われていたならその背景を考えたりと，ふだんの自然観察以上に野鳥の生活史に対する視野が広がることだろう。

※
https://www.featherbase.info/ja/home

【引用文献】
叶内拓哉・高田勝 (2018).原寸大写真図鑑　羽　増補改訂版．文一総合出版
Gabriel Norevik他(2020).Ageing & Sexing of Migratory East Asian Passerines. Avium förlag

図6　雄成鳥 (オジロビタキ)

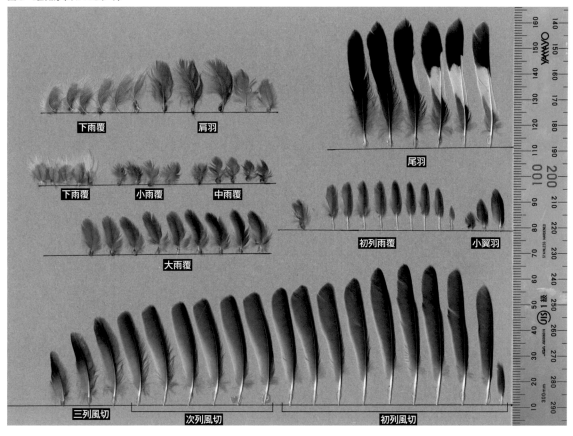

下雨覆　肩羽　尾羽　下雨覆　小雨覆　中雨覆　初列雨覆　小翼羽　大雨覆　三列風切　次列風切　初列風切

朝5時起床。7時に朝食をとって，出勤。8時仕事開始。12時に昼食をとって30分の昼寝。仕事再開後18時には夕食。20時過ぎには仕事を終了して帰宅。そして24時には就寝。規則正しい生活がぼくの美徳だ。そんなぼくがシンパシーを感じる冬鳥がいる。それはジョウビタキだ。

冬鳥には珍しく
律儀なジョウビタキ

「今年は冬鳥が遅いよね」──冬になるとバーダーの間で，しばしば話題に挙がるように，冬鳥には得てしていいかげんな種が多い。代表的な冬鳥のツグミは，11月に早々とたくさん渡ってくる年もあれば，年が明けてからようやくたくさん見られるようになる年もある。群れで過ごすことも多い彼らは，主な食べ物である木の実が北のほうにたくさんあれば，そこで滞在し，木の実が少なくなったり，雪に覆われたりすると「それじゃ，もうちょっと南に行こう」と徐々に南下してくる。そのため，年による木の実の豊凶や積雪の多少によって渡来する時期が異なると言われている。

それに対して，ジョウビタキは規則正しい渡りをする。バードリサーチでは「季節前線ウォッチ」という各種鳥類の初認調査を行っているが（http://www.bird-research.jp/1_katsudo/kisetu/index_kisetsu_chosakekka.html），ジョウビタキは毎年西日本には10月上中旬にやってきて，東日本にも10月中下旬にはやってくる。

なわばりをもつから
規則正しい？

なぜジョウビタキは規則正しく渡ってくるのだろうか？ おそらく

なわばり宣言をするジョウビタキ (Daurian Redstart)。冬になわばりをもつ鳥は多くない

規則正しい
のんびりツグミときっちりジョウビタキ

ジョウビタキの透き通る声を聞き，
秋から冬への季節の到来を感じる人も多いだろう。
ジョウビタキは季節を告げてくれる鳥だ。
それは，規則正しく渡りをしていることを意味する。
なぜジョウビタキは規則正しいのか？

それにはジョウビタキの生態が関係している。

渡ってきたてのジョウビタキがアンテナの上など目立つところに止まり，「ヒッ ヒッ ヒッ」と鳴いているのを見たことがある人も多いのではないだろうか。少し観察して見ていると，近くにやってきた他所の個体を追い出すところも観察できるだろう。これはジョウビタキが自分のなわばりを他個体に宣言している，繁殖期で言えば「さえずり」のような行動だ。繁殖期は雄と雌でなわばりを構えるが，冬は雄雌それぞれがなわばりを構える。繁殖期は雌がやっ

てくると求愛する雄が，冬は雌を追い出すのだ。

繁殖期になわばりをもつ鳥はたくさんいるが，このように冬になわばりをもつ鳥は多くない。身近な鳥で冬になわばりを構えるのはジョウビタキのほかはモズくらいだ。この冬になわばりをもつ生態が「渡りの規則正しさ」につながっていると考えられる。

よいなわばりをもつのに重要なこととは何だろうか？ 一つは強くあること。そして，いかに早くなわばりを構えるかも重要だ。それは先になわばりを構えた鳥が，たいてい，な

群れで木の実を食べるツグミ (Dusky Thrush)。こうした食べ物のあるところで「より道」しながら南下していく

ジョウビタキの渡り

文 ● 植田睦之　写真 ● 菅原貴徳

Profile　うえた・むつゆき
特定非営利活動法人バードリサーチ所属。全国の鳥の調査に興味のある人たちと一緒に各種調査活動を実施している。本記事で紹介している「季節前線ウォッチ」もその一つで，各種鳥類の初認情報を収集している。誰でも参加できる調査なので，ぜひご参加を。
▶ https://www.bird-research.jp/1/kisetsu

図　バードリサーチの「季節前線ウォッチ」に報告されたジョウビタキの初認日。年による違いがあまりないことと，西日本のほうがやや早く記録が届くのが特徴。おそらく朝鮮半島経由で渡来する個体が多いためではないかと思われる

- ● 10/01－10/10
- ● 10/11－10/20
- ● 10/20－10/31
- ● 11/01－11/15
- ○ 11/16－

わばり争いに勝つことができるからだ。つまり，ジョウビタキにとって越冬地に早く着くことは重要なことなのだ。

ジョウビタキは，越冬地で早くなわばりを構えるために，ツグミのように「より道」はせずに一気に渡ってくるので，いつも同じような時期なのだろう。それに対して，食べ物のあるところで「より道」をするツグミは，食べ物の状況の違いで年により渡ってくる時期が異なる。

ツグミのような「より道」をする行動は，長い渡りを安全に行うために有利な行動だ。それに対して，早く渡ってなわばりを構えるジョウビタキの行動は，渡りの際には負担が大きく，不利な行動ではある。しかし，よいなわばりを構え，厳しい冬をいい条件で乗り越えるためには有利な行動といえるだろう。

最新機器での渡り解明に期待！

このようにジョウビタキが規則正しく渡ってくるのはなわばりをもつためだと考えられるが，あくまでも「仮説」で実証されているわけではない。それは，詳細な渡りの研究は大きな発信機をつけることのできる大形の鳥に限られてきたからで，小鳥の渡りの詳細が明らかにできていないからである。ところが，最近はジオロケータという日長時間を記録してそこから鳥の位置を推定する機器や，ピンポイントGPSといった小鳥にも装着が可能な小型の機器が開発されている。日本でもノビタキにジオロケータが装着され，北海道から直接大陸に渡ることなど，渡りの解明が進んでいる。こうした機器でジョウビタキやツグミを追跡することができれば，彼らの渡り戦略がこれから明らかになってくるだろう。

青くない正体は？ ルリビタキの

ルリビタキ
ジョウビタキ
オジロビタキ

〜ルリビタキの特徴的な羽色変化〜

雄と雌では色が異なり，若い雄と高齢の雄も色が異なる。複雑なルリビタキの羽色変化について，写真とともに解説していこう。

文・写真 ● 森本 元

ルリビタキ＝青い鳥ではない？

「幸せの青い鳥」と呼ばれることもあり，人気のルリビタキ。その青色は，色素の発色ではなく，羽毛（羽枝）の内部構造による光学現象によって生じる構造色である。そしてルリビタキの最大の特徴の一つは，この魅力的な青色だけでなく，雄の羽色に二型があることである。高齢の雄は構造色による青色の羽衣を全身にまとうが，若い雄と雌は主に上尾筒と尾羽のみがこの青色であり，明確に姿が異なる。雌雄の外見が違うだけでなく，雄は年齢によって見た目が変わるのでややこしい。ここでは，ルリビタキの複雑な色彩について紹介していこう。

明瞭な雌雄の違い

ルリビタキの色彩変化を理解するために，まず最初に鳥の一般的な種内の形態の違いについて理解する必要がある。本種に限らず，雌雄の見た目が大きく異なる種がいる一方，そうでない種も数多く存在する。例えばルリビタキの繁殖地である山林

には同所的にメボソムシクイが生息するが，その外見は雌雄とも一見同じであり，性の識別が困難である。

他方，キビタキやオオルリなどに見られるように，雄が派手で雌が地味という，明瞭に雌雄を区別できる種もいる。この雌雄の見た目が明瞭に異なることを性的二型（sexual dimorphism）という。ただし雌雄の見た目の違いは色に限ったものではない。例えばウグイスの場合，雄は雌よりも明確にひとまわり大きい。つまりサイズ二型を示すのだが，これも性的二型である。また，サンコウチョウ雄は，雌にはない長い尾羽（性的装飾または性的飾り）をもつが，これも性的二型である。このように，性的二型には形の違いも含まれる。このうち，色による違いは性的二色性や性的な色彩二型（sexual dichromatism）などと呼ばれるが，あまり普及した用語でなく，学術分野ではそのまま「セクシャル ダイクロマティズム」と呼ぶことも多い。そしてルリビタキには，明瞭な雌雄の色彩の違いがある（写真1，2）。

年齢に伴う羽色の変化

さらにルリビタキの難しい点は，性的二型の存在に加えて，同性である雄の中に色彩多型（色彩二型）が存在することである（写真1，3〜5）。ルリビタキ雄の二型は，年齢に伴う羽色の変化によるものである。このような年齢依存による特徴の発現の遅延は，遅延羽衣成熟（Delayed Plumage Maturation: 略称 DPM）と呼ばれる現象であり，世界的に見てもこのような鳥種は多くない。ルリビタキは，日本産鳥類の中でその代表的な鳥であり，これほど激しく外見が変化する鳥種は珍しい。本種の若い雄は全身が雌に酷似したオリーブ褐色だが，翌年以降は全身が青色の姿に変わる。他方，雌は年齢に関係なく生涯，オリーブ褐色で外見に大きな変化はない。

全身が青色であることが印象的な本種の雄は，最も容易に識別できる。日本産鳥類ではオオルリやコルリ，イソヒヨドリがルリビタキ同様に青色をしているが，いずれの種も配色や大きさ，形状が異なるため，

見間違うことはないといえよう。雌と若い雄については、ジョウビタキやオジロビタキなどの雌に似るが、上尾筒と尾羽の青色を見ることができれば、識別を誤ることはないだろう。このように、種の識別は比較的容易である。

形態に頼らず、行動面も気をつけてみよう

ところが、ルリビタキの種内の識別は極めて困難で、具体的には、若い雄（オリーブ褐色雄）と雌の識別が難しい（写真2〜5）。オリーブ褐色のルリビタキを見つけたとき、その観察時期や場所が初夏の繁殖地であれば、いずれも繁殖個体と判断してほぼ問題ない。観察したオリーブ褐色個体が雄ならば第1回夏羽であり、雌の場合は若いか高齢かは見分けがつかない。第1回夏羽のルリビタキ雄（オリーブ褐色雄）は、通常の繁殖を行っている。これは、大形鳥種の若鳥が成鳥とは異なる外見をもちながら繁殖に参加しないケースがあるのとは異なる点であり、ルリビタキの特徴といえる。

オリーブ褐色雄と雌のよく知られた識別点は、雄の小雨覆に青色が入ることが多くの図鑑に記載されている（写真3）。だが、この小雨覆の青さにはかなりの個体差があり（写真3〜5）、有用な識別点ではあるが、決定的ではない（写真4,5）。明瞭に青く大きければ雄の可能性が高いが（写真3）、そうでない場合は、雌雄の野外観察での性判定は不可能なことも多いだろう。

非繁殖期（秋・冬）には、この困難さはさらに増加するので注意が必要だ。ただし繁殖期であれば、明瞭なさえずり行動を確認することで確実に識別できる（写真6）。形態だけでなく、行動の面からも総合的に観察することをおすすめする。

【参考文献】
G. Morimoto, N. Yamaguchi. & K. Ueda. 2006. Plumage color as a status signal in male–male interaction in the red-flanked bushrobin *Tarsiger cyanurus*. J.Ethol. 24: 261-266.
T, Ueta., G, Fujii, & G. Morimoto. 2020. Full-model Finite-element Analysis for Structural Color of *Tarsiger cyanurus*'s Feather Barbs. Forma 35: 21-26.

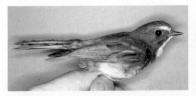

写真1　ルリビタキ（Red-flanked Bluetail）の高齢雄。青い全身という特徴はオオルリやコルリ、イソヒヨドリに似るが、大きさや形の違い、特徴的な青色、脇の橙色斑の有無などから、種の識別を間違えることはないだろう

写真2　雌。小雨覆に青色がほぼ出ず、脇の橙色斑の面積が狭い傾向があるが、広い個体もいる。オリーブ褐色雄の中でも雌的な個体（写真4）との野外識別は極めて困難

写真3　比較的わかりやすい第1回夏羽の雄（オリーブ褐色）の一例。小雨覆の青色の有無は、多くの図鑑で雄の識別ポイントとして記されている。この青色斑が明瞭で大きい点は、オリーブ褐色雄の特徴である。ただし個体差が大きく、青色斑が不明瞭な個体も多く存在するため、識別の基準とすることに注意が必要

写真4　識別が困難なオリーブ褐色雄の一例。脇の橙色の面積は、雌よりも雄のほうが広い傾向があることがわかる。ただし、雌雄のオーバーラップがかなり大きいだけでなく、翼の下げ方で露出面積がすぐ変わるため、観察状況や写真の写り方に依存して判定の材料にならないことが多い（写真2,3）。この個体は橙色斑が大きいが、小雨覆には青色があまり出ていない点にも注意されたい

写真5　識別が困難なオリーブ褐色雄の別例。他個体（写真3,4）同様に第1回夏羽の雄だが、解説したオリーブ褐色雄の特徴（小雨覆の青色斑、脇の橙色斑）があまり出ていない個体。小雨覆の青色斑は存在するが不明瞭で小さい。このような個体は意外に少なくない

写真6　春、繁殖地に到着したばかりのオリーブ褐色雄。なわばりを誇示するためにさえずり、ときに雄同士で争う。形態と合わせてこうした行動面からも、雄と識別できる

※これらの写真の個体は、学術研究において捕獲調査時の総排泄口突起の突出や、DNAによる性判定によって雌雄を同定している

小鳥が集まる 樹木図鑑

鳥が実を求めて集まる樹木は数多くあるが，ここでは都市部の公園などでもよく見られる13種を紹介しよう。実の特徴はもちろん，葉などの識別ポイントも記したので，実がなる前にあたりをつけておくこともできる。

文・写真 ● 岩崎哲也

Profile いわさき・てつや

1965年生まれ。明治大学農学部農学科卒業後，千葉大学大学院園芸学研究科環境・緑地学専攻。公園・緑地の設計事務所，練馬区の団体職員を経て，現在，兵庫県立大学大学院緑環境マネジメント研究科・淡路景観園芸学校准教授。農学博士。一級ビオトープ施工管理士。樹木医。著書に『ポケット図鑑 都市の樹木433』(小社刊) など。

※科名については，APGとCronquistの両方を記載した。前者は，1990年代にDNA解析による分子系統学の進展とともにAngiosperm Phylogeny Groupによって作られた分類体系，後者は，1980年代にArthur Cronquistにより提唱されたクロンキスト体系 (Cronquist system) という分類体系である。

マユミ

Euonymus sieboldianus

[ニシキギ科 (APG, Cronquist)] 🍎 果熟期：10〜12月

落葉広葉中木。北海道から九州の林縁などによく生え，植物好きの家の庭や屋敷林，公園の樹林付近などで見る。樹高は1.5〜4m程度。葉は対生[1]し，幅広い楕円形で，全周に細かい単鋸歯[2]または重鋸歯があり，無毛。似たものに，淡桃色の果皮が薄く目立たないコマユミがある。その姿はしとやかで小柄，ふだんは目立たない。

実の特徴：秋に淡桃色のちょうちんブルマ形の実を多数，花のように垂らし，やがてこの淡桃色の厚い果皮が開いて鮮やかな朱色の種子を垂らす。

写真左：種子は鮮やかな朱色　10月 東京都
写真右上：樹姿　6月 東京都
写真右下：花のような桃色の実をつける
　　　　　12月 東京都

アカメガシワ

Euonymus sieboldianus

[ニシキギ科 (APG, Cronquist)] 🍎 果熟期：10〜12月

落葉広葉高木。東北中部以南の林縁や草地，荒れ地に生え，都市では公園や庭だけでなく，道路際や線路沿いなど，どこにでも芽生える。樹高は普通約4〜10m。葉は互生[3]して大きく，葉身の根元にアリを誘う蜜腺がある。春，展開中の新葉が赤くてきれいなのに，あまりに無造作に生えてよく育つので，雑木として軽く扱われやすい。

実の特徴：晩夏から秋，風化した段ボールのような明るい灰褐色の果皮に覆われた控えめな実 (よく見ると黒光りして目立つ) をたくさんつける。

写真左：樹枝　10月 東京都
写真右：風化した段ボールのような色の果皮
　　　　8月 東京都 (上)　10月 兵庫県 (下)

マユミの実を食べるコゲラ　11月　東京都　**写真 ●** 江口欣照　　　ムクノキの実をくわえたアカハラ　12月　東京都　**写真 ●** 江口欣照

ムクノキ

Aphananthe aspera

[アサ科（APG），ニレ科（Cronquist）]

● 果熟期：9〜10月

落葉広葉高木。関東以西の林地や人里におもむろに生えているほか，主に東北中部以南の公園などに植えられる。鳥に運ばれ，芽生えてほしくないところによく芽生え，幹が斜めに育ったり大枝が横に張るなど"暴れん坊"ぶりを見せつけ，ケヤキの悪い弟分といった目で見られることが多い。樹高は普通約8〜20m。葉は互生し，逆なですると強烈にざらついて，兄貴（ケヤキ）に似ているが，鋸歯はケヤキと違って特徴のない大柄な三角形。

実の特徴：真ん丸で艶がなく，秋風が冷たく感じられるころ黒く熟す。食べると甘みを感じるが，種は巨大で砥石のような歯触り。

写真左：樹姿 10月 山形県
写真右上：若い実と葉 9月 東京都
写真右下：熟した実は黒い 9月 東京都

エノキ

Celtis sinensis

[アサ科（APG），ニレ科（Cronquist）]

● 果熟期：9〜11月

落葉広葉高木。東北中部から九州の里山や公園，屋敷林，畑の際，土手などに大樹が育ち，植え込みの中や生け垣など，いたるところでよく目にとまる。樹高は7〜15mほどが多い。一見するとケヤキと似た雰囲気があるが，ずっとおっとりして幹は色黒，ムクノキほどは樹形が暴れないので，いわば妹分である。

実の特徴：秋から冬にかけ，緑色から黄色，橙色，茶色と思い思いに色が変わる実をつける。種は大きく，果肉がしっとりしておらず10年間放置したチョコレートのような食感で，まずいが，冬，野外の皿に置いておくとすぐになくなる。

写真左：樹姿 9月 東京都
写真右上：熟しはじめた実 8月 東京都
写真右下：実の色は一様ではない 9月 東京都

※1：対生（たいせい）＝茎の1つの節に葉が2枚向かい合って付いていること。　※2：鋸歯（きょし）＝葉の縁にあるギザギザの切れ込み。
※3：互生（ごせい）＝茎の1つの節に葉が1枚ずつ互い違いにつくこと。

ヤマグワ

Morus australis

［クワ科（APG, Cronquist）］

🍎 果熟期：(5,) 6〜7月

落葉広葉中高木。北海道以南の人里や林縁などにやたらと生え、腐朽しやすいが成長は早く、大きく雑に育つ。樹高は多くが1.5〜6m。日本在来のクワとして、外来や改良されたマグワなどとともに、あるいはその代用食として養蚕に使われてきた。葉は互生し、切り込みが深いものやないものがある。

実の特徴：実は梅雨のころ赤から紫黒色に熟し、甘くてブチブチした食感があっておいしい。かつての養蚕地では外来種のマグワが今も多く残存し、野性味の少ない濃厚な甘さと、ボリューミーでなめらかな食感がおいしい。

写真左上：樹姿　7月　山形県
写真左下：葉。マグワの葉は光沢が強く、
　　　　　欠刻（葉の切れ目）が小さい　7月　山形県
写真右上：花柱（雌しべの名残り）が残る実。
　　　　　黒いほうが熟した実　6月　山形県
写真右下：マグワの熟した実。ヤマグワのものより
　　　　　大きく、雌しべの名残が果肉から突出しない

ヤマザクラ

Cerasus jamasakura

［バラ科（APG, Cronquist）］

🍎 果熟期：5〜6 (,7) 月

落葉広葉高木。東北南部〜九州の山野に自生するが、庭や公園などでは北海道中南部まで植えられている。また、同じく山の桜であるカスミザクラなどと混乱して流通し、植栽されている。樹高は約6〜15mが通常で、長命でより大木になる。葉は互生、両面および葉柄とも完全に無毛で、真白い花と同時に赤く芽吹く。

実の特徴：梅雨の蒸すころ、実は黒く熟し、甘いがえぐみがある。オオシマザクラよりまずく、オオヤマザクラよりはおいしいように感じる。ミヤマザクラよりはずいぶんおいしい。

写真左上：熟しつつある実　5月　東京都
写真左下：実若葉は花と同時に赤く芽吹く　4月　東京都
写真右：樹姿　4月　兵庫県

ヌルデ

Rhus javanica

［ウルシ科（APG, Cronquist）］

🍎 果熟期：10〜11月

落葉広葉中高木。全国の林縁や草地、法面などに生え、庭木として植えられることは少ないが、公園などで野趣を狙った雑木として植栽される。樹高は約5〜6mのものが多い。葉は奇数羽状複葉[※4]で互生し、複葉の軸に沿って葉のような翼をもつ。ウルシ科であり、葉がウルシ類に似ていることと、葉全体がかぶれたように虫こぶがつくことがあって嫌われるが、幸いにしてかぶれることはない。

実の特徴：秋が完全に深まるころ、ヤマウルシに似たシソの実のような実が黄褐色に熟し、その表面はしょっぱい。

写真左：実は有毛　9月　東京都
写真右：樹姿。ウルシ科だが、葉に触れてもかぶれることはない　7月　東京都

ヤマハゼ
Celtis sinensis
[ウルシ科（APG, Cronquist）]
🍎 果熟期：10〜11月

落葉広葉中高木。関東から九州の山野に生え、庭木や公園樹として東北中部付近まで植栽されているが、ハゼノキと混ざって流通していることがあり、混用もされている。樹高はおおむね5〜8m。葉は奇数羽状複葉で互生し、老眼では見えないがルーペで見ると毛が生えている（ハゼノキのほうは無毛）。強くかぶれる人がいる一方、かぶれない人も多い。
実の特徴：枝先に大豆をぶちまけたようにたくさんの実をつけ、秋、もう台風が来なくなるころに黄土色や黄褐色に熟す。完全に熟してから果皮をはぐと、白チョークの粉のようでカロリーの高そうな蝋が現れる。実もハゼノキとよく似ているが、ヤマハゼは果軸部分が有毛。

ジョウビタキとハゼノキの実。ジョウビタキの渡来時期は、ヤマハゼやハゼノキの果熟期とも重なる 12月 東京都 写真 ● 江口欣照

写真左：樹姿 6月 東京都
写真中上：熟した実は褐色化する 10月 埼玉県
写真中下：ハゼノキとよく似た実をつけるが、ヤマハゼの果軸の部分は有毛 10月 埼玉県
写真右：葉裏。上がヤマハゼ、下はハゼノキのもの。両者の葉は似ているが、ハゼノキはまったく無毛。ハゼノキは四国〜沖縄産か、または東南アジアなど外国産とされる 6月 東京都（上下とも）

サンショウ
Zanthoxylum piperitum
[ミカン科（APG, Cronquist）]
🍎 果熟期：8〜11月

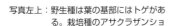

落葉広葉中低木。北海道南部から九州の樹林等に自生し、個人の庭などでも育てられ、栽培種も流通する。公園でも、鳥に運ばれて林地に芽生えたものをよく見る。樹高は3〜6mほどになるが、低いものが多い。葉は奇数羽状複葉で互生し、複葉基部の枝に野生種は一対のトゲがあるが、栽培種などトゲのないものもある。
実の特徴：秋、最初は鮮やかに赤く熟して美しく、寒さが増すころには赤茶色になって2裂開[5]し、大きな黒く光る種子を吐き出す。この黒々と輝く魅惑的な種子は、サンショウの香りが葉ほどは強くない。果皮とともにすり潰され、粉山椒となる。

写真左上：野生種は葉の基部にはトゲがある。栽培種のアサクラザンショウなどにはない 8月 東京都
写真右上：野生種の樹姿 6月 埼玉県
写真左下：種子は黒く大きい 8月 東京都
写真右下：鮮やかな赤色の実をつける 8月 東京都

ミズキ

Swida controversa
［ミズキ科（APG, Cronquist）］
🍎 果熟期：8〜10（,11）月

落葉広葉高木。北海道から九州の山野に生え，公園などにもよく植えられるが，街路樹に植えられることはほとんどない。近年，各地でキアシドクガの幼虫に食われて丸坊主になっているが，それが主因となって枯死することは少ない。段々状に横に枝を広げ，本来は春の盛りから初夏，白い小花を雪のように咲かせるが，花の代わりにキアシドクガの成虫が雪のように舞う "丸坊主のミズキ" が多く見られる年もあり，その光景はなかなか幻想的である。樹高は7〜12mほど。葉は互生し，鋸歯はない。似ているものに，葉が対生するクマノミズキがある。
実の特徴：実は6〜8mmの球形で，夏から秋にかけ黒く熟して鳥にはおいしいらしいが，人間には青臭くてまずい。

写真左：樹姿　5月　東京都
写真中：黒く熟した実は鳥が好んで食べるが，人間が食べられるものではない　10月　東京都
写真右：実の表面は薄く粉が吹く　10月　東京都

カキノキ

Diospyros kaki
［カキノキ科（APG, Cronquist）］
🍎 果熟期：10〜1月

落葉広葉中高木。東北から九州の山野に自生するヤマガキを変種とする。これらを元にした改良品種群と言われているが，ヤマガキの由来を含め諸説がある。個人の庭によく植えられ，北海道でも植栽がある。樹高は普通6〜10m程度。葉には鋸歯がなく，落葉樹にしては厚手で光沢があり，柿の葉寿司など食物を包むのに具合がよい。春の新緑は独特の鶸色（ひわいろ）で極めて美しい。
実の特徴：実は秋らしい秋のころ，緑色のまま熟すものや柿色に熟すものがあるが，熟したと感じる時期は鳥と人間で違うかもしれない。

写真左：樹姿　6月　山形県
写真右上：若い実　7月　山形県
写真右下：おなじみの柿色に熟した橙熟（左）と，
　　　　　緑色のまま熟した緑熟（右）　10月　兵庫県

熟したカキノキの実を突いて食べるメジロ
11月　東京都　写真 ● 江口欣照

ムラサキシキブ

Callicarpa japonica
［シソ科（APG），クマツヅラ科（Cronquist）］
🍎 果熟期：10～12月

落葉広葉中低木。北海道南部以南の林縁など樹林下にひっそりとたたずむように生える。本当は夏の小さな花が美しいのだが，秋の果熟期以外は主張がなく，気づくと傍らにあり，マユミと似た雰囲気をもつ。公園や庭などに植栽もされるが，流通量はコムラサキより圧倒的に少ない。樹高は2～5mくらいと低め。葉は対生し，葉先が尾状に長くとがり，毛はごく少ない。
実の特徴：秋以降，紫色というよりは世にも美しい藤色に熟す。コムラサキに比べると小さくて，まばらにつく。似たものとして，コムラサキのほか，毛深いヤブムラサキがある。

写真左：樹姿　9月 東京都
写真中：実の数はよく似たコムラサキ（写真右下）と比べ少なめ　12月 兵庫県
写真右上：美しい藤色に熟した実　12月 兵庫県
写真右下：コムラサキの実。コムラサキは東北南部以南に自生する希少種で，樹高が低く，
　　　　　実は大きく数多くつく

ネズミモチ

Ligustrum japonicum
［モクセイ科（APG, Cronquist）］
🍎 果熟期：10～12（～2）日

常緑広葉中高木。関東南部以南の山野に生える。都市では外来種のトウネズミモチが優勢の場合が多いが，片田舎ではネズミモチのほうがかなり多い。トウネズミモチとともに公園などにも植えられる。樹高は2～7mほどで低いものが多く，生垣にも用いられる。葉は対生して鋸歯がなく，触ると常緑樹らしい厚みを感じる。
実の特徴：枝実は長径約6～10mmの楕円形で，トウネズミモチほどではないが数多く枝先につく。指で圧迫すると種が高精度の命中率で発射され，嫌がられる。晩秋，紫褐色に熟し，ほとんど味がなくまずい。

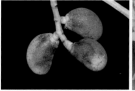

写真左上：楕円形の実　12月 兵庫県
写真左下：トウネズミモチの実。トウネズミモチは中国産
　　　　　で，実はより多量につき，萼（がく）には周回す
　　　　　る横溝がある　12月 東京都
写真右上：樹姿　9月 東京都
写真右下：常緑樹らしい厚みのある葉　8月 東京都

トウネズミモチの実をついばむツグミ
12月　東京都　写真 ● 江口欣照

オオルリ
キビタキ
サンコウチョウ

BIRDER SPECIAL

姿もさえずりも美しく、ハイカーたちにも人気のオオルリ、キビタキ、サンコウチョウに関する情報・知識を1冊にまとめたBIRDERの「特別編」。最新の知見に基づいた知られざる生態も公開。

BIRDER編集部 編

B5判　80ページ
定価1,760円（本体1,600円＋10%税）
ISBN978-4-8299-7510-7

好評発売中

文一総合出版　ホームページ https://www.bun-ichi.co.jp/

〒162-0812 東京都新宿区西五軒町2-5 川上ビル　Tel 03-3235-7341　Fax 03-3269-1402　e-mail: bunichi@bun-ichi.co.jp

全国の書店、ネット書店でお求めいただけます。この雑誌の巻末アンケートハガキのほか、文一総合出版ホームページから直接ご注文いただけます。

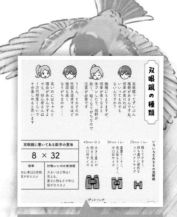

ジョウビタキ 2月下旬 岡山県　**写真◉♪鳥くん**

BIRDER\SPECIAL
ジョウビタキ・ルリビタキ・オジロビタキ

2021年12月20日 初版第1刷発行

編集●BIRDER 編集部
　　　（杉野哲也, 中村友洋, 田口聖子, 関口優香）
デザイン●茂手木将人（studio9）
発 行 者●斉藤　博
発 行 所●株式会社 文一総合出版
〒162-0812 東京都新宿区西五軒町2-5 川上ビル
Tel:03-3235-7341（営業）, 03-3235-7342（編集）
Fax:03-3269-1402
http://www.bun-ichi.co.jp/
郵便振替●00120-5-42149
印　　刷●奥村印刷株式会社

©BIRDER 2021Printed in Japan
ISBN978-4-8299-7512-1

NDC488 B5（182×257mm）80ページ
乱丁・落丁本はお取り替えいたします。